科普总动员

电子改变生活。影响科技进程。让我们一起来解读锐意创新的电子工程吧!

锐意创新的电子工程

编著：费菲　吕嘉玮

电子工程又称“弱电技术”或“信息技术”
是面向电子领域的工程学

山西出版传媒集团
山西经济出版社

图书在版编目(CIP)数据

锐意创新的电子工程 / 费菲, 吕嘉玮编著. — 太原: 山西经济出版社, 2017.1

ISBN 978-7-5577-0144-4

Ⅰ. ①锐… Ⅱ. ①费… ②吕… Ⅲ. ①电子技术—青少年读物 Ⅳ. ①TN-49

中国版本图书馆CIP数据核字（2017）第009780号

锐意创新的电子工程

RUIYICHUANGXIN DE DIANZI GONGCHENG

编　　著: 费　菲　吕嘉玮
出版策划: 吕应征
责任编辑: 吴　迪
装帧设计: 蔚蓝风行

出 版 者: 山西出版传媒集团·山西经济出版社
社　　址: 太原市建设南路21号
邮　　编: 030012
电　　话: 0351-4922133（发行中心）
　　　　　0351-4922085（总编室）
E-mail: scb@sxjjcb.com（市场部）
　　　　zbs@sxjjcb.com（总编室）
网　　址: www.sxjjcb.com

经 销 者: 山西出版传媒集团·山西经济出版社
承 印 者: 北京荣华世纪印刷有限公司

开　　本: 787mm×1092mm　1/16
印　　张: 10
字　　数: 150千字
版　　次: 2017年1月　第1版
印　　次: 2017年1月　第1次印刷
书　　号: ISBN 978-7-5577-0144-4
定　　价: 29.80元

前言

■锐意创新的电子工程

辽阔无垠的山川大地，苍茫无际的宇宙星空，人类生活在一个充满神奇变化的大千世界中。异彩纷呈的自然科学现象，古往今来曾引发无数人的惊诧和探索，它们不仅是科学家研究的课题，更是青少年渴望了解的知识。通过了解这些知识，可开阔视野，激发探索自然科学的兴趣。

本书介绍了电子学科的相关知识。分“电子技术进程”“电子学科猜想”“电子发明大观”三个篇章，将电子领域内的多种发明创造及科学原理作了全面、形象的介绍，通俗的语言，精美的插图，使读者能更容易、更有效了解电子领域内的知识。

电子学科是面向电子领域的一门学科。电子学又称信息技术学。主要研究领域为电路与系统、通信、电磁场与微波技术以及数字信号处理等。电子学是现代兴起的学科。电子被发现后，对人类科技进程产生了巨大的影响。目前电子被应用到了通信、网络、物理、化学、生物、医药、航天、人类等多种领域中，对人类社会生活产生了深刻的变革。从最早的黑白电视机、蜂窝手机，到现在的智能电视机、3G 手机，；从最初电子二极管到后来的电子三极管、晶体管、集成电路；从最原始的工业机器人到如今的智能型机器人，电子技术一步步地发展、逐渐成熟，书中展示了电子技术最新成就。

电子学科的发展并不是一帆风顺的，电子技术的辉煌成就也不是一蹴而就的。当电子科学初露头角的时候，大多数人都持怀疑态度，并不看好电子能给人类生活带来什么改变。在许许多多发明者的坚持努力下，一项一项的发明成果，让人们重新认识电子技术。爱迪生发明了电灯，贝尔发明了电话，马可尼发明了无线电……电子技术逐步进入我们的生活，改变着我们的生活。

人类只有在永恒的探索和追求中才能不断进步，对于电子科技而言，想象才是发展原动力，想象是一切科技进步的前提。对电子学科的未来，我们充满信心。当今电子技术正以日新月异的发展引领时代的潮流，各种大胆新奇的发明挑战着我们的想象力。未来的电视机是什么样子的？会不会与手提电脑合二为一？未来驾驶汽车需不需要考驾驶执照？未来的通信设备终端是什么样子？未来机器人能替代人类工作吗？未来的3D打印机能帮我们打造包括房子在内的建筑吗？未来的眼镜真能像电影终结者中施瓦辛格戴的一样吗？随着时间的流逝，这一切也许都能实现，甚至会更符合人们生活的需求，可以肯定的是，电子学科的发展一定会不断给我们带来惊喜。

目录 锐意创新的电子工程

第 1 章 电子技术进程

第 2 章 电子发明大观

第 3 章 电子学科猜想

电子技术进程

□锐意创新的电子工程

第1章

电子二极管

科普档案 ●**产品名称**：电子二极管●**发明者**：弗莱明●**发明时间**：1904 年●**功用**：导电、稳压、指示

“爱迪生效应”现象的出现为电子二极管的发明打开了一扇门。虽然早期发明的二极管稳定性差，但其影响仍然非常深远。

时光倒退几十年，人们使用的大都是电子管收音机。打开电源开关，要等 1 分钟多，收音机才会慢慢地响起来。这种收音机普遍使用五六个电子管，输出功率只有 1 瓦左右。但是，就是这种简陋的、功能有限的收音机，给当时的人们带来了无穷的欢乐。那么，电子管又是怎样发明的呢?说起电子管，我们首先得从“爱迪生效应”谈起。

1883 年，美国著名科学家爱迪生在研究延长白炽灯寿命这个问题时做了一个实验。他在与碳丝绝缘的电极上焊了一小块金属片，金属片虽然没有与灯丝接触，但是在灯丝加热时，发现这块金属片上会有电流流过。爱迪生认为这是漏电的缘故，不久便放弃了这项实验。这实际上是人类最早发现的热电子发射现象，后来称为“爱迪生效应”。

□美国著名科学家爱迪生

在此之前，意大利的马可尼、俄国的波波夫各自独立地发明了无线电通信，轰动了整个世界。遗憾的是，这种通信的有效距离十分有限，主要原因是收报机中那个老式的金属屑检波器性能较差，检波速度慢，还要定期清洗玻璃管中凝聚的铁

屑。检波器的作用是把高频电磁波所携带的信息，如电台的播音等，转换为人们能接受的形式。为了发明一种性能良好的新式检波器，包括马可尼在内的许多科学家做过许多实验，但效果均不理想。这时，马可尼公司有一位工程师叫J.弗莱明，他灵机一动，利用“爱迪生效应”不正可以将交流电转化成直流电吗？于是，他用一个金属圆筒代替了爱迪生所用的金属丝，套在灯丝外面，和灯丝一起被封在玻璃泡里。这样，接收电子的面积大大增加了。经过实验，检波效果十分理想。

□J.弗莱明

弗莱明发明的检波器彻底取代了旧式的检波器，具有划时代的意义。他在研究中发现，把灯泡中用金属片做的板极接电源正极，在电场作用下，灯丝发射出的电子就会流向板极，导通灯丝和板极之间的电路。如果板极与电源负极相连，灯丝发射的电子不能到达板极，灯丝与板极之间就没有电流。

由于金属筒接正电、灯丝接负电时才有电流通过，因此弗莱明将金属筒称为“阳极”，将灯丝称为“阴极”。这种新诞生的器件，其作用相当于一个只允许电流单向流动的阀门，弗莱明就干脆把它叫作“阀”。后人称其为“真空二极管”。

弗莱明在1904年研制出的在无线电报接收机中用作检波器的真空二极管，就是通常所说的电子管，标志着人类第一只电子管的诞生，世界从此进入了电子时代。它的诞生，离不开爱迪生和马可尼两位发明家的研究基础，也离不开弗莱明的综合应用和持之以恒的努力。

弗莱明是英国著名的物理学家和工程师。1849年11月29日生于英国的兰开斯特，毕业于伦敦大学和皇家化学院，1870年获理学士学位。1877年进入剑桥大学卡文迪许实验室，在J.C.麦克斯韦指导下研究电学和高等数学。1881年任诺丁汉大学物理学和数学教授。1882~1898年先后任伦敦电灯等工业企业的工程师和顾问。1885~1926年任大学电气工程教授。1899~1926年任马可尼无线电报公司科学顾问。1930年后任电视学会会长。弗莱明在变压器设计、白炽灯、光度学、电气测量、低温下材料性能的研究等方面均有贡献。弗莱明一生共发表论文100多篇。1904年根据爱迪生效应研制成检波二极管，取代了原来用于无线电报机中的金属粉末检波器。这是最早的真空电子管。弗莱明曾多次获得荣誉奖章。1929年因科学成就获爵士称号。

电子管的发明，给弗莱明带来的不仅是鲜花掌声，还有金钱和荣耀。1904年，他因发明真空二极管获得专利，并因此于1929年获得爵士爵位。时至今日，电子管仍在生活中发挥作用：电视机的显像管是一种电子管，家用微波炉中产生微波的主要器件是电子管，广播、电视、通信发射机里目前还没有能取代大功率发射电子管的半导体器件……但随着技术的进步，电子管从兴旺走向衰败，令人大有"无可奈何花落去"之感，但电子管在人类科技发展史上所占有的地位是不容忽视的。展望未来，电子管在相当长的一段时间内还将继续发挥重要作用。

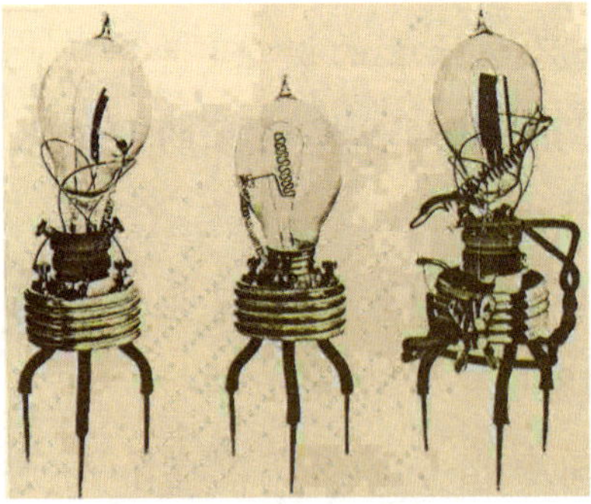

知识链接

弗莱明的其他发明成果

弗莱明在一生中共发表过100多篇学术论文，他在变压器设计、白炽灯、光电学、电气测量等许多方面都有所建树。我们中学物理学中的右手定则和左手定则，也是弗莱明提出的。弗莱明发明了真空电子二极管之后，美国人德福雷斯特在他的基础上发明了实用性更强的真空电子三极管。

真空三极管

科普档案 ●**产品名称:**真空三极管 ●**发明者:**德福雷斯特 ●**发明时间:**1907年

真空三极电子管的发明和应用在电子技术史上具有划时代的意义，它的发明是建立在真空二极管的基础上的。它为通信、广播、电视、计算机等技术的发展铺平了道路，并奠定了近代电子工业的基础。

1883年,为人类社会贡献了2000余项发明的美国科学家爱迪生,为了寻找电灯泡最佳灯丝材料,曾做过一项小实验。为了让铜丝阻止碳丝蒸发,他把一小截铜丝安装在真空电灯泡内部的碳丝附近，结果使爱迪生失望了。但无意中,他发现铜丝产生了微弱的电流。爱迪生把它记录在案,申报了一个未找到任何用途的专利,称之为“爱迪生效应”。

1904年,弗莱明受“爱迪生效应”的启迪,研制出一种能够充当交流电整流和无线电检波的特殊灯泡——“热离子阀”,由此发明了世界上第一只电子管,也被人们称为真空二极管。但直到真空三极管发明后，电子管才成为实用的器件。它的发明者是美国科学家李·德福雷斯特。

□真空三极管的发明者——德福雷斯特

德福雷斯特1873年8月26日出生于美国中西部爱荷华州，他从小就很少与人交往,养成了较孤僻的性格。孩提时期的德福雷斯特并不出众，被老师认为是个平庸的孩子。他平时唯一的喜好是拆装各种机械小玩意儿。由于他的坚持,13岁便发明了好几种小机器。虽然父亲

□德福雷斯特

希望儿子将来成为一位牧师，但德福雷斯特暗自决定以科学研究作为自己一生的奋斗目标。20岁那年，他考取了耶鲁大学谢菲尔德理学院的奖学金，班上的同学都叫他“学校里最平庸、最神经质的学生”，除了电学、特别是电磁波传播之外，他似乎对其他事都不感兴趣。由于奖学金很少，德福雷斯特不得不经常打工。1899年，他获得了物理学哲学博士学位。

毕业后的德福雷斯特本应留在大学任教，但有一件事情却改变了他的人生轨迹。

1899年秋，德福雷斯特正在撰写博士论文《平行导线两端赫兹波的反射作用》，这可能是当时美国所有大学里涉及无线电的第一篇文章。在此期间，一年一度的国际快艇比赛就要在纽约揭开序幕，这一届盛大赛事因意大利无线电发明家马可尼的来访显得黯然失色。连篇累牍的宣传报道，把马可尼将要进行无线电表演的消息搞得沸沸扬扬。

那天清晨，马可尼准时登上了停泊在港口的一艘军舰，及时地把比赛的消息用无线电报拍发回来。整整5个小时，《纽约先驱论坛报》的总部收到了马可尼发来的4000多字的新闻报道，美国新闻记者们大开眼界，叹为观止。

观众簇拥着马可尼走下军舰，热情的人们要求“无线电之父”马可尼在港口为他们做一次现场演示。德福雷斯特自然也在围观的人群中，他大胆走到马可尼的身后，仔细研究起无线电设备来。马可尼毫无保留地向这个青年学生讲解了无线电发报机的原理，并且告诉他，由于“金属屑检波器”的灵敏度太差，严重影响收发效果。正是与马可尼的这次谈话，德福雷斯特立下了发明创新的宏图大志。

毕业后，德福雷斯特首先在芝加哥西方电气公司实验室工作，不久便发明了电解检波器和交流发射机。1902年，他在纽约泰晤士街租了间破旧的小屋，创办了德福雷斯特无线电报公司，一心一意想要发明出更先进的无线电检波装置。同时，他也要以自己的发明，向美国公众展示无线电应用前景。

就在研究进展不太顺利的时候，英国弗莱明发明真空二极管的消息传来，像闪电一般照亮了他前行的道路。德福雷斯特再也坐不住了，他一路小跑穿街走巷，选购玻璃管，添置真空抽气机，为自制电子管寻找材料。一边跑还一边思考，等到材料凑齐，设计方案也基本构思成熟。他选择了一段白金丝制作灯丝，也在灯丝附近安装了一小块金属屏板，把玻壳抽成真空通电后，果然也"追寻"到电子的踪迹。德福雷斯特不愿就此中止有趣的试验。他沉思了一会儿，突然抓起一根导线，弯成"Z"形，小心翼翼地把它安装到灯丝与金属屏板之间的位置。这根导线，或许他想用来同时接收灯丝发射的电子，或许还想派上其他什么用途。殊不知他装上的这根小小的导线，竟会影响到20世纪电子技术的发展进程。

德福雷斯特极其惊讶地发现，Z形导线装入真空管内之后，只要把一个微弱的变化电压加在它的身上，就能在金属屏板上接收到更大的变化电流，其变化的规律完全一致——德福雷斯特发现的正是电子管的"放大"作用。后来，他又把导线改用像栅栏形式的金属网，于是他的电子管就有了三个"极"——丝极、屏极和栅极，其中栅极承担着控制放大电信号的功能。1907年，德福雷斯特向美国专利局申报了真空三极管（电子管）的发明专利，真空三极管正式诞生了。

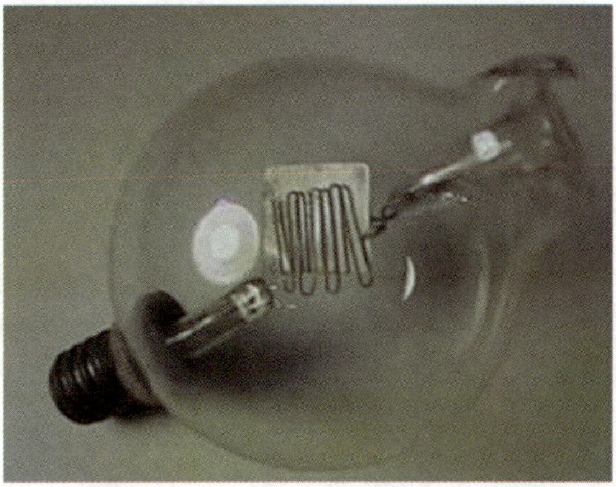
□真空三极管

真空三极电子管的发明和应用在电子技术史上具有划时代的意义，它为通信、广播、电视、计算机等技术的发展铺平了道路，并奠定了近代电子工业的基础。

德福雷斯特是一位多产的发明家，一生获得了多达 300 项专利。除了电子管之外，他的发明还包括在电影胶片边缘录制声音的技术、医学上使用的高频电热理疗机等。但德福雷斯特在商业上却屡屡失败，技术发明并没有给他带来什么经济效益，许多重要的专利都以低价卖给了美国电话电报公司（AT&T），就连电子管放大器的专利，也只卖了 39 万美元。但是，他的发明却为他赢得"无线电之父""电视始祖"和"电子管之父"的称号。

知识链接

德福雷斯特的其他发明

20 世纪 20 年代初期，德福雷斯特研制出了"辉光灯"，它能把不规则的声波转化为同样不规则的电流，这种不规则的电流反过来引起同样不规则的灯丝亮度。把不规则的灯丝亮度和活动影片一起照相，然后再把不同亮度的音轨转化为声音。1923 年，德福雷斯特用他的第一部有声活动影片作了示范表演。不到五年的时间，"有声电影"就盛行起来了。

晶体管的发明

科普档案 ●**产品名称**:晶体管●**发明者**:沃尔特·布拉顿●**发明时间**:1947 年●**分类**:双极性、场效应

今天，人们使用的所有电子设备都离不开晶体管。晶体管是微处理器的核心组件，也是许多产品的必备元件。

所有电子设备离开晶体管都将无法使用。晶体管是微处理器的主要组件，也是今天我们许多产品的必备元件，如电视、汽车、收音机、医疗设备、家用电器、计算机，甚至宇宙飞船等。

晶体管就像一个微型的"通断开关"，它的首次使用是在音频信号的扩大中。正是其微型开关的角色使得芯片中可以放置数亿个晶体管，而芯片也得以成为人们日常使用的电子设备的心脏，这些电子设备有电脑、笔记本电脑和服务器、移动电话、微波、汽车……，简直举不胜举。

晶体管的发明者是沃尔特·布拉顿。1947 年最后的两个月中，布拉顿和他的伙伴成功研制出晶体管，而晶体管的发明是 20 世纪最重要的发明之一。当然，它对 20 世纪和 21 世纪日常生活的影响是无法估计的。

□晶体管的发明者是沃尔特·布拉顿

沃尔特·布拉顿是美国物理学家，他 1902 年 2 月 10 日生于中国厦门市，1928 年获明尼苏达大学博士学位，1929 年在贝尔实验室研究物理学。1947 年 12 月 23 日，布拉顿与 J.巴丁和 W.B.肖克利发明了点接触晶体管，共同获得 1956 年诺贝尔物理学奖。

□晶体管的发明者布拉顿、巴丁、肖克利

1936年，在号称“工程师的摇篮”的美国麻省理工学院里，凯利找到了肖克利，向他发出邀请，希望肖克利到贝尔实验室去工作。当时贝尔实验室在电子学方面开展着世界上规模最大的基础研究，发明专利的注册已达近万项之多。肖克利毫不犹豫地接受了邀请，毕业后加入了贝尔实验室。

贝尔实验室里有位青年人叫布拉顿，他先后取得过理学硕士和哲学博士学位，从1929年起就加盟贝尔实验室。两位青年志趣相投，一见如故。肖克利专攻理论物理，布拉顿则擅长实验物理，知识结构相得益彰，大有相见恨晚的感觉。工作之余，他们也常聚在一起探讨问题。从贝尔电话上的继电器，到弗莱明、德福雷斯特发明的真空管，凡是涉及当时电子学中的热门话题无所不谈。直到有一天，肖克利讲到一种“矿石”时，思想碰撞的火花终于引燃了“链式反应”。两人都认为这一类晶体矿石有一些很奇妙的特性，很有可能会影响到未来电子学的发展方向。

如果不是第二次世界大战爆发，肖克利和布拉顿或许更早就“挖掘”到什么“珍宝”，然而战争来临，肖克利和布莱顿先后被派往美国海军部从事军事方面的研究，刚刚开始的半导体课题遗憾地被战火中断。

1945年，“二战”的硝烟刚刚消散，肖克利一路风尘赶回贝尔，并带来了另一位青年科学家巴丁。肖克利向布拉顿介绍说，巴丁是普林斯顿大学的数学物理博士，擅长固体物理学。巴丁的到来给肖、布的后续研究注入了新的活力，他渊博的学识和固体物理学专长，恰好弥补了肖克利和布拉顿知识结构的不足。

贝尔实验室迅速批准固体物理学研究项目上马，由肖克利领衔，布拉顿、巴丁等人组成的半导体小组把目光盯在了那些特殊的“矿石”上。肖克利首先提出了“场效应”半导体管实验方案，然而首战失利，他们并没有发现预期的放大作用。

1947年圣诞节前夕的一天中午，布拉顿和巴丁不约而同地走进实验室。在此之前，由于有巴丁固体表面态理论的指导，他俩几乎接近了成功的边缘。实验表明，只要将两根金属丝的接触点尽可能地靠近就可能引起半导体放大电流的效果。但是，如何才能在晶体表面形成这种小于0.4毫米的触点呢？布拉顿精湛的实验技艺开始大显神威。他平稳地用刀片在三角形金箔上划了一道细痕，恰到好处地将顶角一分为二，分别接上导线，随即准确地压进锗晶体表面的选定部位。电流表清晰地显示出，他们得到了一个有放大作用的新电子器件！布拉顿和巴丁兴奋地大喊起来，闻声而至的肖克利也为眼前的奇迹感到格外振奋。布拉顿在笔记本上这样写道：“电压增益100，功率增益40……实验演示日期1947年12月23日下午。”作为见证者，肖克利在这本笔记上郑重地签了名。

知识链接

晶体管

晶体管是一种固体半导体器件，可以用于检波、整流、放大、开关、稳压、信号调制和许多其他功能。晶体管作为一种可变开关，基于输入的电压控制流出的电流，因此晶体管可作为电流的开关。和一般机械开关不同处在于，晶体管是利用电讯号来控制，而且开关速度可以非常快，在实验室中的切换速度可达100GHz以上。晶体管的性能优越，诞生之后便被广泛地应用于工农业生产、国防建设以及人们日常生活中。

世界第一台计算机

科普档案 ●**产品名称**:ABC计算机 ●**发明者**:约翰·阿塔那索夫 ●**发明时间**:1942年

ABC计算机被人们称为世界上最早的计算机。这种计算机使用了电子管器件和电路，并且用二进制代替十进制进行运算。计算通过一连串顺序的逻辑动作实现，而不是通过“计数”实现。机器中有能保存数的“存储器”。

世界上最早的计算机叫ABC计算机,ABC计算机中有两个长27.94厘米、直径20.32厘米的酚醛塑料做成的鼓,保存数据的电容就放在这两个鼓上,鼓的容量是30个二进制数(每个含15个十进制数字),当鼓旋转时,就可以把这些数读出来。输入采用穿孔卡片,每张卡片上放5个数。机器中包含30个加减器,共用了300多个电子管,这些加减器接收从鼓上读出的数进行运算，实现对微分方程的求解。按照发明者阿塔那索夫的设计目标,ABC应该能够解29个联立方程,但由于穿孔卡片机工作不可靠,这个指标未能达到。阿塔那索夫曾用各种不同材料制作卡片进行试验,以求提高卡片机的可靠性,但都没有成功。虽然如此,ABC计算机仍然证明了用电子电路构成灵巧的计算机是可能的,它也是世界上第一台电子计算机,尽管它不够完善。

约翰·阿塔那索夫,1903年10月4日生于美国哈密尔顿，是计算机的真正发明人。阿塔那索夫是保加利亚移民的后裔,他的父亲是一个电气工程师,母亲是一位小学老师。阿塔那索夫年幼时,全家迁居佛罗里达州的波克县,因为其父在那里的一个磷酸矿找到了一份待遇不错的工作。他们家是当地第一批安上电灯的,当灯光照亮房间的时候,阿塔那索夫立刻被神奇的电气所吸引,缠住电气工程师的父亲问这问那。阿塔那索夫9岁时,他父亲所在的工矿为父亲购买了一把新的计算尺，因老的计算尺还能用,父亲就把新的给了儿子。阿塔那索夫爱不释手，他仔细阅读了使用说明书，反复做练习，两个星期后就能用它解各种各样复杂的问题了。另一方面，阿塔那索夫酷爱棒球，所以他的时间一半用在学习上，一半花在棒球场上。

□计算机之父约翰·阿塔那索夫

1921年中学毕业以后，阿塔那索夫进了佛罗里达大学。1925年毕业，取得电气工程学士学位。之后他进入艾奥瓦州立大学，一边工作，一边念研究生，1926年获得数学硕士学位。然后又进入威斯康星大学，1930年取得物理学博士学位。他的博士论文课题是“氦的介电常数”。完成学业以后，他回到母校艾奥瓦州立大学，同时在数学系和物理系任教。

阿塔那索夫对研制计算机产生兴趣始于20世纪30年代中期，他指导研究生做课题时常常有大量的计算，而当时的计算工具难以满足需要。阿塔那索夫为此曾尝试把30台蒙络计算机(Monroe Calculator，这是20世纪初发明的一种机械计算机)连起来，用一根公共轴驱动来解题，但依然太慢：解有29个未知数的29个联立方程式花了他381个小时，即47个工作日，而且误差还很大。在解决一个理论物理方面的问题时，他又尝试过把几台不同的制表机连在一起以提高计算效率，取得了一定效果。1936年他就此还发表了一篇论文，但这离阿塔那索夫的理想仍太远。这段时间，他几乎把当时可用的各种计算工具——机械式和机电式计算器、穿孔卡片计算机、微分分析器都研究了一遍，并第一个把它们明确地分成“数字计算机”和“模拟计算机”两大类。在这些工作的基础上，20世纪30年代末期，阿塔那索夫逐渐明确了他的目标：建造电子数字计算机，以从根本上改善计算工具。他为此定下4个主要方向：

1.用电子管和电路代替机械部件；

□第一台真正的电子计算机

2.用二进制代替十进制进行运算；

3.计算通过一连串顺序的逻辑动作实现，而不是通过“计数”实现；

4.机器中要有能保存数的“存储器”。存储元件采用能充电和放电的电容器。

方案大体成熟以后，阿塔那索夫在他的学生贝利的帮助下开始实施计划。贝利对机械和电子学相当熟悉，和作为理论物理学家的阿塔那索夫配合，1939 年 11 月样机就完成了。又经过几年的努力，到 1942 年，阿塔那索夫设计的计算机终于完成。他把这台机器命名为“ABC 计算机”，即“Atanasoff–Berry Computer”，以纪念他和贝利之间的合作以及贝利所作出的贡献。

然而，在很长时间内，阿塔那索夫及其 ABC 计算机默默无闻，不为世人所知。究其原因大约有以下三点：一是艾奥瓦地处美国中西部，当时还比较闭塞，艾奥瓦州立大学（当时还叫学院）也没有什么名气，其研究工作不为世人所关注；二是阿塔那索夫的研究工作没有得到美国政府和军方的资助，完全属于“自拟课题”；三是阿塔那索夫 1942 年 9 月应征入伍，到海军装备实验室工作（Naval Ordnance Laboratory），中止了在 ABC 上的工作，连机器后来也给学校拆掉了。此外，由于种种原因，ABC 也未申请专利。因此，直到 20 世纪 70 年代 Sperrv Rand 公司和 Honeywell 公司为 ENIAC（电子数字积分计算机，世界上第二台计算机）专利的事打起官司来，阿塔那索夫被卷入其中，才开始扬名于世。

事情的原委是：1940 年 12 月，阿塔那索夫参加在费城举行的美国科学促进协会 AAAS（American Association for Advancement Of Science）年会时遇到了莫奇利，两人都对计算机感兴趣，谈得很投机。次年 6 月莫奇利去拜访了阿塔那索夫，参观了 ABC 机（当时已接近完成），看了设计图纸和资料。

因此诉讼中涉及莫奇利和埃克特的 ENIAC 专利是否有效的问题，是否剽窃了阿塔那索夫的思想的问题。经过马拉松式的听证和审判过程，1973 年法院判决莫奇利和埃克特的 ENIAC 不是他们自己发明的，而是由阿塔那索夫的研究中导出的，因此 ENIAC 专利无效。这样，阿塔那索夫赢了这场官司，被人称为"电子计算机之父"，声名大振。事实上，对这个判决，学术界和舆论界分歧很大，支持和反对的两种呼声都很高，我们这里也不作评判。应该说，IEEE 计算机学会对这三人都授予了计算机先驱奖是比较客观和公正的，三人各有其功劳。

除了获得计算机先驱奖外，IEEE 计算机学会在 1990 年还授予阿塔那索夫"电气工程里程碑奖"(Electrical Engineering Milestone)。同年，布什总统亲自授予他全国技术奖章。阿塔那索夫是保加利亚科学院外籍院士，1970 年，保加利亚政府授予他最高奖励。1983 年，艾奥瓦州立大学校友会授予他杰出成就奖。1995 年 6 月 15 日，阿塔那索夫在马里兰州的家中去世，享年 92 岁。

知识链接

阿塔那索夫的成就

1961 年，阿塔那索夫创办了一个名为"控制论"的咨询公司。1975 年以后，他在马里兰州靠近蒙络维亚的一个农场上，设计了空调系统、雨量计、太阳能热水循环系统。此外，他还设计了一种音标，能帮助人们更快地读写英语。他认为如果这种音标能够推广的话，人们掌握英语的速度会快 2-3 倍，这将是他一生中最大的成就，比他发明计算机的成就还要伟大，可惜我们至今没有见到他发明的这种音标。

第一部手机的发明

科普档案 ●**产品名称**:移动手机●**发明者**:马蒂·库珀●**发明时间**:1973年●**分类**:智能与非智能手机

美国摩托罗拉公司生产出了世界上第一部手机。第一部手机的诞生，标志通信技术新时代的到来。尤其在当今时代，手机作为一种主要通信手段，深刻地影响着人们的生活方式。

当今时代,任何人都离不开通信工具。手机已经是我们生活中不可缺少的重要工具。从第一部手机诞生到现在已有几十年的历史了,无疑它的产生具有划时代的意义。

近几年,移动通讯服务已走进了千家万户,成为国家经济建设、社会生活和人们交流信息所不可缺少的重要工具。移动通讯的迅猛发展,使现代生活节奏越来越快，移动通讯产品的更新换代和市场争夺战也愈演愈烈。手机以其独特和前所未有的优势迅速成为现代社会信息传递和信息操作的主要媒介之一,并深刻地影响着人们接受和传递信息的方式。

手机时代的来临可以说使移动通信的发展进入了一个黄金时期。手机无论从造型、功能、材料、工艺、色彩上都发生了很大的变化,在外观造型上越来越体现出文化性和地域性,材料和工艺也大大丰富,功能上也越来越强大,色彩更加丰富。具有便携性和移动性的手机媒介在人们日常生活中愈发活跃,不管是公车上、还是地铁中都不难看到用手机听歌、阅读、看新闻或者是看视频的人们,手机作为"放在口袋里的媒体",深刻地影响和改变了个人交往、信息传递、商务活动和社会管理的方式。

世界上第一部手机是美国摩托罗拉公司生产的,它的主要发明者叫马蒂·库珀。

马蒂·库珀被誉为"手机之父",研制了便携式录音机系统及摩托罗拉

A.M.立体音技术，还是商用无线通信系统公司——现称辛辛那提贝尔公司的创始人。

库珀是乌克兰移民的后裔，年少时在芝加哥生活，当时正是经济萧条时期。他说自己从来不用忍饥挨饿，但靠着父母上门推销分期付款商品所挣的收入，也只能缩衣节食地过日子。为了支付伊利诺伊州理工学院的学费，库珀加入了预备役军官训练营，在一艘海军驱逐舰上服役。他们在朝鲜战争时炸毁了朝鲜沿岸的铁路。随后库珀又转到潜艇上，在夏威夷驻扎了一年半的时间，在那儿他学会了潜泳（他众多的体育消遣之一）。他喜欢海军的生活，但更希望安顿下来，所以在西部电器公司（Western Electric）的子公司 Teletype 找了份工作。

从 1954 年起，库珀开始为摩托罗拉工作。1957 年，库珀攻读夜校取得了电气工程的硕士学位，这次也是在伊利诺伊州理工学院。库珀在工作中常常能发现前方的道路，并带领大家开创新的产业。20 世纪 60 年代，他是建立大容量寻呼通讯市场的关键人物，把寻呼范围从一个单栋楼房扩大到了整个城市；石英表的普及也与他密不可分；库珀还修正了摩托罗拉公司为其收音机制造的晶体中的一个缺陷，促使公司大规模生产了首批手表用晶体。风险投资公司（Core Capital Partners）的总经理称赞说："马蒂的眼光很长远，能看到产品应该做成什么样，然后去实现它。"

库珀第一次产生移动电话的想法是在 20 世纪 70 年代早期。当时的便携式电话是汽车仪表板上一个笨重的设备，还连着行李箱里的一盒设备，里面有双向通信电台和电源，能通话的频道有限，用户往往要花上很长时间才能等到一个空闲的频道。

□马蒂·库珀被誉为"手机之父"

□摩托罗拉第一款手机DynaTAC

摩托罗拉公司让库珀负责车载电话部门后,他就做出决定:这样的电话应该不仅能跟着车子移动,还要轻便小巧,以便任何时候都能携带在身边。他说:“我是移动用品的狂热者。”1972年,手机从提出想法到做出模型只用了90天,多亏了库珀在摩托罗拉工程师间赞助的一场设计竞赛,许多其他部门的工程师也参与其中。在12月的一次晚餐会上,每一个工程师都展示了自己的模型。库珀说:“我们最后选择了最不吸引人的一款,因为它最简单。”

1973年4月3日,摩托罗拉在纽约美洲大街的希尔顿酒店举行的记者招待会结束后,用这部手机进行了一次著名的通话。尽管在那之前已经通过测试并通话成功,但是库珀将一名记者叫到大街上示范手机,那真是天才的营销手段。库珀已经记不起那个记者的名字,而那天接到库珀电话的竞争对手——美国电话电报公司(AT&T)贝尔实验室的工程师乔·恩格尔(Joel Engel)则表示自己不记得接过那通电话。“我一边说话一边走到街上,差点被车撞。”库珀回忆着,露出了调皮的笑容——这是手机首次显现出使人分心这个缺点。

这部手机名为DynaTAC,能进行35分钟的通话,重量约1千克。经过四次改进后,库珀的团队将DynaTAC的重量减轻了一半,并最终在1983年投放市场,定价约为4000美元。库珀和摩托罗拉的会计周旋了十年后,终于开始扭亏为盈。虽然他在1976年成为摩托罗拉研发部的负责人,但会计还是不断地问他什么时候才能停止在他那“钟爱”的项目上投入那么多资金。库珀也承认:“研发花了许多的时间和金钱,但我关注的一直是长远的技术动向。”

如今，世界半数以上的人都有了手机，手机会取得成功的这个想法看起来也理所当然，但是在20世纪70年代，摩托罗拉公司的许多人却更想扩大已有的针对商务用户的车载电话市场。已经退休的摩托罗拉前总裁塔维斯·马歇尔曾与库珀一起工作过，他说："马蒂说'我们要把手机做到只有手掌大小'。"他说当时大多数人认为手机的价格太高，只能是一种商务工具，"但马蒂却不断地告诉别人价格会降下来的，手机最终会变成消费品。"西恩·玛洛尼是世界最大的芯片厂商英特尔公司的高级主管，曾亲自花了数年的时间推广WiMAX这项新兴的移动宽频带技术，他说："库珀把摩托罗拉所有人都催眠了，让他们跟着他。"

知识链接

马蒂·库珀经典语录

1.尽管手机的出现已经有37年了，但其发展仍处于初级阶段。

2.技术应该是无形的、透明的、简单的。现在手机一般都有一本说明书，这本说明书甚至比手机本身更大、更重，这是不合理的。

3.对于具有拍照、音乐、视频、上网等所有功能的手机来说，其中的任何一项功能都不尽如人意。

4.消费者是上帝，应该由他们来决定，而不是由工程师来决定，因为工程师往往被技术本身所吸引。

微波炉的发明

科普档案 ●**产品名称**:微波炉●**发明者**:珀西·斯本塞●**发明时间**:1947 年●**特点**:同步加热

微波炉是一种常见的家用电器，是现在家庭中必不可少的现代化烹调灶具。用于煮饭烧菜加热食品，微波炉的发明者是美国的珀西·斯本塞。

微波是一种电磁波。微波炉由电源、磁控管、控制电路和烹调腔等部分组成，是一种用微波加热食品的现代化烹调灶具。电源向磁控管提供大约4000伏高压，磁控管在电源激励下连续产生微波，把微波能量均匀地分布在烹调腔内，从而加热食物。

微波炉的发明其实是一件很偶然的事情。不止微波炉，任何科学发明与发现，都带有偶然性。世界上最早的微波炉发明者是美国人珀西·斯本塞。

斯本塞于1921年生于美国亚特兰大城。1939年，他参加了海军，半年后因伤退役，进入美国潜艇信号公司工作，开始接触各类电器，稍后又进入专门制造电子管的雷声公司。由于工作出色，1940年，斯本塞由检验员晋升为新型电子管生产技术负责人。天才加勤奋的结果，使他先后完成了一系列重大发明，令许多老科学家刮目相看。

其时，英国科学家们正在积极从事军用雷达微波能源的研究工作。伯明翰大学两位教授设计出一种能够高效产生大功率微波能的磁控管。但当时英德处于决战阶段，德国飞机对英伦三岛狂轰滥炸，因此这种新产品无法在国内生产，只好寻求与美国合作。

1940年9月，英国科学家带着磁控管样品访问美国雷声公司时，与才华横溢的斯本塞一见如故，相见恨晚。在他的努力下，英国和雷声公司共同研究制造的磁控管获得成功。

一个偶然的机会，斯本塞萌生了发明微波炉的念头。1945年，他观察到微波能使周围的物体发热。一次，他在研究磁控管时，口袋中的巧克力受热融化，弄湿了他的裤子，但并没对人体产生影响，他开始着手对微波的热效应进行研究。还有一次，他把一袋玉米粒放在波导喇叭口前，然后观察玉米粒的变化，他发现玉米粒与放在火堆前一样。第二天，他又将一个鸡蛋放在喇叭口前，结果鸡蛋受热突然爆炸，溅了他一身。这更坚定了他的微波能使物体发热的论点。

□斯本塞发明了微波炉

雷声公司受斯本塞实验的启发，决定与他一同研制能用微波热量烹饪食品的炉子。几个星期后，一台简易的炉子制成了。斯本塞用姜饼做试验。他先把姜饼切成片，然后放在炉内烹饪，烹饪时他屡次变化磁控管的功率以选择最适宜的温度。经过若干次试验，食品的香味飘满了整个房间。1947年，雷声公司推出了第一台家用微波炉，可是这种微波炉成本太高，寿命太短，从而影响了微波炉的推广。

日本发明家小仓庆志于1964年对微波炉进行了改进，大幅度地降低了微波炉的成本，从而降低了它的价格。1965年，乔治·福斯特对微波炉再次进行大胆改造，与斯本塞一起设计了一种耐用和价格低廉的微波炉。1967年，微波炉新闻发布会兼展销会在芝加哥举行，获得了巨大成功。从此，微波炉逐渐走入了千家万户。用微波烹饪食物又快又方便，不仅味美而且有特色，因此有人诙谐地称之为"妇女的解放者"。

中国"格兰仕"集团于2001年推出世界上第一台光波微波炉，光波是在微波基础上发展的先进技术，综合光波与微波两种能量，这种微波炉在加热、烹饪食物时能够保持食物的味道和颜色都新鲜，自动锁定食物养分，还能进行烧烤。无烟、环保的光波微波炉一经推出立刻受到追捧。格兰仕集团还开发了袖珍变频式微波炉，它重量轻，热效率高，有效容积相对增大，极大方便了野外作业、出外旅游、郊外度假的人们，而且这种小型的微波炉使用移动电源即可进行烹饪，所以在欧美地区也获得广泛的认可。

微波炉的发明改变了人们的烹饪习惯，经微波炉烹调的食物不会破坏食物本身包含的营养元素，使人类在营养成分上的摄入更加优化。

知识链接

微波炉的危害

微波炉是一种常见的家用电器，是用微波加热和烹调食品的现代化烹调灶具。由于微波炉是使用电磁波工作，因此也存在电磁波污染，在使用的时候应尽量防止电磁辐射。微波炉是当之无愧的“家用电器辐射污染之王”，不仅辐射强度高，而且辐射范围可达 7 米，可谓“一人使用，全家遭殃”。与其他电器相似，微波炉在启动和关闭时辐射强度是最高的，所以使用不要过于频繁。

无线电传播技术

科普档案 ●**产品名称:**无线电技术 ●**发明者:**伽利尔摩·马可尼 ●**发明时间:**20世纪初

电话和电报的发明无疑是人类通信技术的一大进步。随着科技的发展，无线电技术的出现更加缩短了人们之间的距离，扩大了通信范围，是人类科技史的一大进步。

人类发明了电报和电话后,信息传播的速度大大超过了以往。电报、电话的出现缩短了各大陆、各国家人民之间的距离感。但是,当初的电报、电话都是靠电流在导线内传输信号的,这使通信受到很大的局限。比如,要通信首先要有线路,而架设线路则会受到自然地理条件的限制。高山、大河、海洋均给线路的架设和维护带来麻烦,进而增加了通信的困难。极需通信联络的海上船舶和后来发明的飞机都是会移动的交通工具，无法用有线方式与地面人们联络。无线电技术的出现,解决了这些问题。无线电通信技术,使通信摆脱了依赖导线的方式,使以往无法解决的自然地理条件的限制都不复存在，所以说无线电技术的发明是通信技术上的一次飞跃，也是人类科技史上的一个重要成就。

□伽利尔摩·马可尼

无线电技术就是利用无线电波传输信息的通信方式,能传输声音、文字、数据和图像等。与有线电通信相比,不需要架设传输线路,不受通信距离限制,机动性好,建立迅速;但传输质量不稳定,信号易受干扰或易被截获，保密性差。

无线电通信技术的发明者是伽利尔摩·马可尼。

伽利尔摩·马可尼1874年4月25日出生于意大利博洛尼亚市马可尼波伦那，父亲是一位意大利乡绅，名叫朱赛普·马可尼，母亲叫安妮·吉姆逊，是爱尔兰克斯福德郡达芬城人。伽利尔摩·马可尼是家中次子，后来成为意大利电气工程师和发明家，无线电技术的发明人，收音机即无线电接收机的发明者。他的家庭条件优越，从小便在家庭教师的细心关照下学习。在博洛尼亚大学学习期间，马可尼用电磁波进行约2公里距离的无线电通讯实验，获得成功。

少年时，马可尼不喜欢去正规的学校读书，而是经常泡在父亲的私人图书馆中看各种书报，这对他日后的成就起了关键的作用。母亲也非常注重马可尼的兴趣培养，给他腾出一个房间作为实验室，还请了一位大学物理教授给马可尼做指导。这位教授不但允许马可尼使用学校的实验室，还同意他将实验仪器拿回家中，并且可以自由借阅学校图书馆的图书，而马可尼也没有辜负这位老师的好意，一口气将图书馆内所有关于电磁学的书籍阅读完毕，还做了大量的电磁学实验。

马可尼一直对物理和电学有着浓厚的兴趣，读过麦克斯韦、赫兹、里希、洛奇等人的著作。

1894年，即赫兹去世的那年，马可尼刚满20岁，他在电气杂志上读到了赫兹的实验和洛奇的报告。这些实验清楚地表明了不可见的电磁波是存在的，这种电磁波以光速在空中传播。从小就喜欢摆弄线圈、电铃的马可尼，一头钻进了电磁波的研究中。他想，既然赫兹能在几米外测出电磁波，那么只要有足够灵敏的检波器，也一定能在更远的地方测出电磁波。经过多次的试验失败，他终于迈出了可喜的第一步。他在家中的楼上安装了发射电波的装置，楼下放置了检波器，检波器与电铃相接。他在楼上一接通电源，楼下的电铃就响了起来。晚上，当父亲看到了这个新奇的装置，把以前憋在肚子里的火气和不满都抛到九霄云外，再也不叫他“不切实际的空想家”了，并开始给儿子经济资助，让他一心搞实验。马可尼初战告捷后，信心倍增。他大量收集资料和文章，不管这些文章的作者是有名气的还是无名气的，只要对他有用有所启发的文章，他都耐心阅读，仔细分析。他把各家的缺点分析清楚，把他们的长处集合起来改进自己的机器。

□马可尼取得了无线电报系统世界上第一个专利

第二年夏天，马可尼在父亲的庄园又完成了一次非常成功的实验。到了秋天，实验又获得很大的进步。他把一只煤油桶展开，变成一块大铁板，作为发射的天线，把接收机的天线高挂在一棵大树上，用以增加接收的灵敏度。他还改进了洛奇的金属粉末检波器，在玻璃管中加入少量的银粉，与镍粉混合，再把玻璃管中的空气排除掉。这样一来，发射方增大了功率，接收方也增加了灵敏度。他把发射机放在一座山岗的一侧，接收机安放在山岗另一侧的家中。当给他做助手的同伴发送信号时，他守候着的接收机接收到了信号，带动电铃发出了清脆的响声，这响声对他来说比动人的交响乐更悦耳动听，这次实验的距离达到 2.7 公里。

1896 年，马可尼携带着自己的装置到了英国，在那里他被介绍给邮政总局的总工程师威廉·普利斯，这年年末马可尼取得了无线电报系统世界上第一个专利，他在伦敦、萨里斯堡平原以及跨越布里斯托尔湾成功地演示了他的通信装置。1897 年 7 月，马可尼成立了“无线电报及电信有限公司”，同年改名为“马可尼无线电报有限公司”，又在斯佩西亚向意大利政府演示了 12 英里(19 千米)的无线电信号发送。1899 年，他建立了跨越英吉利海峡的法国和英国之间的无线电通信。他在尼德尔斯、怀特岛、伯恩默斯，以及哈芬旅社、普尔和多塞特建立了永久性的无线电台。

虽然马可尼最重要的专利权是在 1900 年授予的，但是他不断地改进自己的发明，从中获得了许多专利权。1901 年他发射的无线电信息成功地穿越大西洋，从英格兰传到加拿大的纽芬兰省。

这项发明的重要性在一次事故中戏剧性地显示出来。那是1909年“共和国”号汽船由于碰撞遭到毁坏而沉入海底，由于无线电信息起了作用，除6人外所有的人员全部得救。同年，马可尼因其发明获得诺贝尔奖。翌年，他发射的无线电信息成功地穿越的距离，从爱尔兰传到阿根廷。

所有这些信息都是利用莫尔斯电码的虚线系统发射的。当时虽然已经知道声音也可以用无线电传播，但是大约在1915年才得以实现，用于商业的无线电广播在20世纪30年代初期才刚刚开始，但是它的普及和意义随后则迅速地增长。

1937年，马可尼与世长辞，意大利罗马有近万人为他送葬，同时，英国所有无线电报和无线电话、大不列颠广播协会的广播电台停止工作2分钟，向这位无线电领域的伟大人物致哀。马可尼以及其他为无线电通信领域做出贡献的科学家虽然离开了人间，可是他们将发明的无线电通信留给了后人，并将造福人类的子子孙孙。

知识链接

莫尔斯电码

莫尔斯电码（又译为莫斯电码）是一种时通时断的信号代码，这种信号代码通过不同的排列顺序来表达不同的英文字母、数字和标点符号等。它由美国人艾尔菲德·维尔发明，当时他正在协助 Samuel Morse 进行莫尔斯电报机的发明（1835年）。一般来说，任何一种能把书面字元用可变长度的信号表示的编码方式都可以称为莫尔斯电码。但现在这一术语只用来特指两种表示英语字母和符号的莫尔斯电码：美式莫尔斯电码被使用在有线电报通信系统；今天还在使用的国际莫尔斯电码则只使用点和画（去掉了停顿）。

第一台彩色电视机

科普档案 ●**产品名称**：彩色电视机 ●**发明者**：约翰·洛吉·贝尔德 ●**发明时间**：1928年

电视机的发展日新月异，从最早的模拟信号电视到今天的数字信号电视经历了将近百年的历史。画面高清、内容丰富的电视机已成为生活必需品。

早在19世纪时，人们就开始讨论和探索将图像转变成电子信号的方法。在1900年，“television”一词就已经出现。同一个时期有许多人都致力于电视机的研究。

人们通常把1925年10月2日苏格兰人约翰·洛吉·贝尔德（John Logie Baird）在伦敦的一次实验中“扫描”出木偶的图像看作电视诞生的标志，他被称作“电视之父”。

贝尔德受马尼克远距离无线电发明的启示，发明了第一台彩色电视机，被人们称为电视之父。

约翰·洛吉·贝尔德是英国电器工程师，研制电视的先驱，他1888年出生于英国苏格兰的格拉斯哥海伦斯堡一个牧师的家里，从小就表现出一个发明家的天赋。

贝尔德曾就读于格拉斯哥大学及皇家技术学院。第一次世界大战期间，贝尔德没有选择去军队服役，成了一家大电力公司的负责人。

1923年，因为身体原因，他辞职在家，并受马尼可的远距离无线电发明的启示，决心开始“用电传送图像”，最初他使用的方式还是图片和硒板，但最终得到的只是静止的图像。如何才能得到活动的图像呢？为了这个实验，贝尔德不仅花光了自己所有的积蓄，还不断向朋友借钱，到了最后只好利用身边一切可用的材料：用盥洗盆做框架，把它和一只破茶叶箱相连，箱上

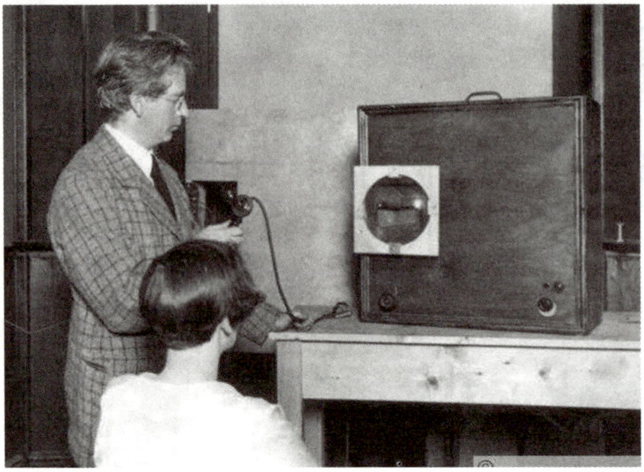

□电视机之父约翰·洛吉·贝尔德

安装了一只从废物堆里捡来的电动机，它可转动用马粪纸做成的四周戳有小洞洞的“扫描圆盆”，还有装在旧饼干箱里的投影灯、几块透镜和从报废的军用电视机上拆下来的部件，等等。这一切凌乱的东西被贝尔德用胶水、细绳及电线串联在一起，成了他发明电视机的实验装置。当然，贝尔德知道，如果要成功地做成有图像的装置，必须把要发送的图片或物体分成许多或暗或明的小点儿再以电信号的形式发送出去，最后在接收的一端让它重现出来。

贝尔德首次用收集到的旧收音器材、霓虹灯管、扫描盘、电热棒和可以间断发电的磁波灯、光电管等，做了一连串试验来传送图像。然而这些试验材料实在太破旧了，以致每次试验都要损坏、更新一些零件。经过上百次的试验后，贝尔德总结了大量的经验。1925 年 10 月 2 日清晨，当贝尔德再一次发动起房间里的机器时，随着马达转速的增加，他终于从另一个房间的映像接收机里清晰地收到了比尔——一个表演用的玩偶的脸。

贝尔德兴奋异常，他多年的梦想——发明“电视”实现了，虽然还谈不到完美，但却是一次成功的试验。紧接着，贝尔德说服富有的公司老板戈登·塞尔弗里奇为他提供赞助，更加专心地研究起电视来。1926 年 1 月 27 日，贝尔德发明的机器有了明显的改善。他立刻给英国科学普及学会写了一封信，请求实地观察。当贝尔德从一个房间把比尔的脸和其他人的脸传送到另一个房间时，应邀前来的专家们一致认为，这是一件难以置信的伟大发明。赞助者也很快意识到了这项发明的市场前景是广阔的，于是纷纷投资，成立了好几家公司。

1928 年春，贝尔德研制出彩色立体电视机，成功地把图像传送到大西洋彼岸，成为卫星电视的前奏。一个月后，他又把电波传送到贝伦卡里号邮轮，所有的乘客都十分激动和惊讶。这一时期的贝尔德，正可谓春风得意，与同时代的其他几个也在发明电视的发明家相比，他的技术脱颖而出，远在其他发明家之上。

然而好景不长，1936 年贝尔德遇到了强有力的竞争对手——电气和乐器工业公司发明了全电子系统的电视。经过一段时间的比较，专家于 1937 年 2 月得出结论：贝尔德的机械扫描系统不如电气和乐器工业公司的全电子系统好。贝尔德只好另找市场。然而，就在他想进一步研究新的彩色系统的时候，他突患肺炎，研究只得止步。

1946 年，贝尔德去世的时候，电视技术已经非常成熟了。而他，甚至都不是电视这种机器的命名者，虽然没有人可以否认他是电视的发明者。

如今，贝尔德发明的电视已经发展到了令人惊讶的地步。画面清晰、鲜明的电视，已成为现实生活中的必需品。1962 年通信卫星被送上太空轨道，各大洲之间的通讯，已不再有什么困难。

人们坐在家里，就可以知道世界上每个角落发生的事情，人与人之间在空间和时间上的距离被缩短了，这一切都要感谢贝尔德的发明。

知识链接

贝尔德使预言变成现实

贝尔德是主张以机械扫描方法研制电视的代表。贝尔德 1928 年开发出第一台彩色电视机，1930 年他研制的电视机开始有试播声电视节目，让人们感觉到身临其境，得到了一片赞叹，这真正使“秀才不出门，便知天下事”的古老寓言成为现实。因此，贝尔德被称为电视之父。他于 1946 年去世。

工业机器人的发明

科普档案 ●**产品名称**:机器人 ●**发明者**:恩格尔伯格 ●**发明时间**:1959年

工业机器人的出现是在工业时代的大背景下实现的。随着市场化的迅速发展，工业机器人被推向了科技更新的浪潮之上。它在生产生活中起着越来越重要的作用，已经成为现代社会的必需品。

提到机器人，我们都知道，这是一种具有高科技水平，能模仿人类劳动、工作的机器。

人类进入工业时代后，社会规模化大生产取代了原有的手工劳动生产，生产效率大幅提高，市场分工越来越细，工业机器人的出现，成为一种必然。确实如此，在20世纪最早的机器人出现后，的确解决了许多生产中的问题，例如人类在生产中存在安全隐患以及无法完成的高强度任务等。

到今天为止，人类掌握的机器人发明技术越来越成熟，机器人的种类也越来越多，分工也日趋细致，机器人在我们今天的生活中扮演着越来越重要的作用。

机器人智能化程度越来越高，应用的领域也越来越广，可以说他们处处都发挥着作用。当看到现在世界上有这么多形形色色的机器人，你也许会问世界上第一台真正意义上的机器人是谁发明的呢？发明第一台机器人的正是享有“机器人之父”美誉的恩格尔伯格先生。

恩格尔伯格是世界上最著名的机器人专家之一，1958年他成立了Unimation公司，并于1959年研制出了世界上第一台工业机器人，他对创建机器人工业做出了杰出的贡献。1983年，就在工业机器人销售日渐火爆的时候，恩格尔伯格和他的同事们毅然将Unimation公司卖给了西屋公司，并创

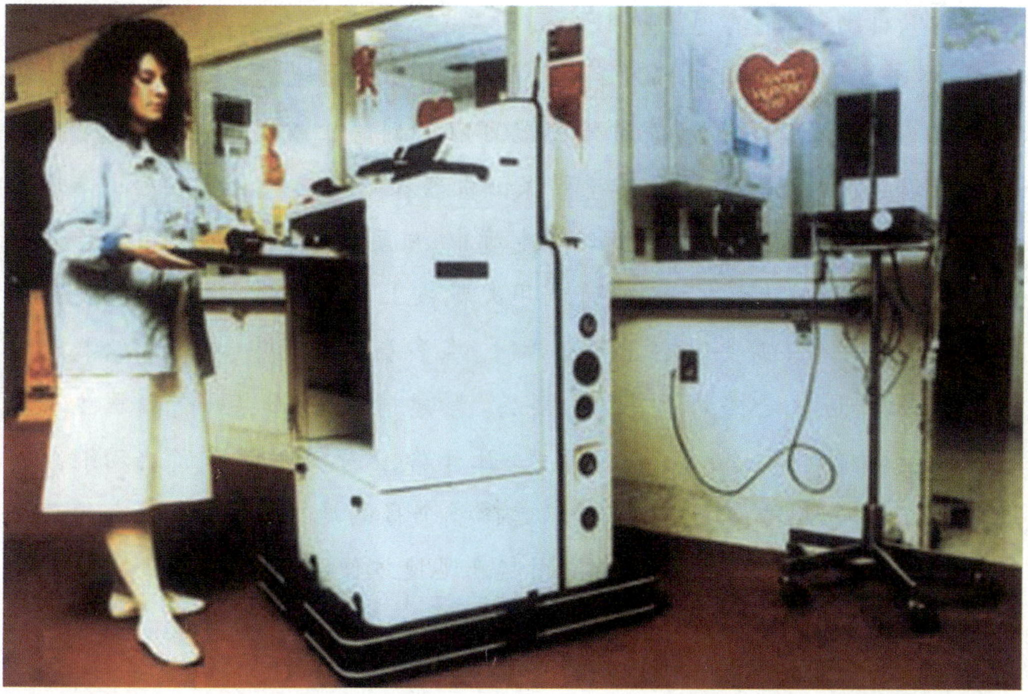

□“护士助手”是自主式机器人

建了 TRC 公司，开始研制服务机器人。

恩格尔伯格认为，服务机器人与人们生活密切相关，服务机器人的应用将不断改善人们的生活质量，这也正是人们所追求的目标。一旦服务机器人像其他机电产品一样被人们所接受，走进千家万户，其市场将不可限量。

恩格尔伯格创建的 TRC 公司的第一个服务机器人产品是医院用的“护士助手”机器人，它于 1985 年开始研制，1990 年开始出售，目前已在世界各国几十家医院投入使用。“护士助手”除了出售外，还出租。由于“护士助手”的市场前景看好，现已成立了“护士助手”机器人公司，恩格尔伯格任主席。

“护士助手”是自主式机器人，它不需要有线制导，也不需要事先作计划，一旦编好程序，它随时可以完成以下各项任务：运送医疗器材和设备，为病人送饭，送病历、报表及信件，运送药品，运送试验样品及试验结果，在医院内部送邮件及包裹。

该机器人由行走部分、行驶控制器及大量的传感器组成。机器人可以在医院中自由行动，其速度为 0.7 米/秒左右。机器人中装有医院的建筑物地图，在确定目的地后机器人利用航线推算法自主地沿走廊导航，由结构光视觉传感器及全方位超声波传感器可以探测静止或运动物体，并对路线进行修正。它的全方位触觉传感器保证机器人不会与人和物相碰。车轮上的编码器测量它行驶过的距离。在走廊中，机器人利用墙角确定自己的位置，而在病房等较大的空间，它可利用天花板上的反射带，通过向上观察的传感器帮助定位。需要时它还可以开门。在多层建筑物中，它可以给载人电梯打电话，并进入电梯到所要到的楼层。紧急情况下，如某一外科医生及其病人使用电梯时，机器人可以停下来，让开路，2 分钟后它重新启动继续前进。通过“护士助手”上的菜单可以选择多个目的地，机器人有较大的荧光屏和用户喜欢的音响装置，用户使用起来迅捷方便。

知识链接

恩格尔伯格对机器人发展的前卫观念

恩格尔伯格认为，不论什么类型的机器人，它的产生最终还是要服务我们的生活，它应该与我们的生活紧密联系，机器人的应用应不断改善我们的生活质量，这正是我们所追求的目标。

"苹果"的成熟历程

科普档案 ●**产品名称:**苹果手机 ●**产品推出时间:**2007年1月9日

苹果手机，现代手机的代名词。从第一代到现在的第四代，经历了市场的考验，得到消费者的高度关注，其智能化的操作给人们带来无穷的乐趣。它的出现标志着现代通信技术的新阶段，这种智能化的应用深刻影响了我们的生活。

提起苹果手机(iPhone),如今在街道上、商店中、公车上,到处都能见到它的身影。苹果手机凭借着时尚的外表设计以及近乎完美的操作体验,受到了世界上许多人的喜爱。它的出现标志着智能化的全面到来。

每个产品成功之前,总要经历许多的坎坷,苹果也不例外。从2007年6月29号发布至今已有5个年头,从一代至四代每一款都有质的飞跃。苹果手机颠覆了我们对于触摸屏和智能手机的概念,同时也为移动互联网快速融入我们的生活做出了巨大的贡献。

2007年1月9日，乔布斯在MacWorld大会上代表苹果正式发布了首款苹果智能手机iPhone，也称第一代iPhone。当时有不少人都在嘲笑苹果iPhone,一款没有键盘的手机能好到哪里。

乔布斯曾经要求过,苹果公司的产品不仅仅是一个数码产品,并且要做成一种艺术品,而这样的产品理念延续到了iPhone身上。

第一代iPhone采用了3.5英寸1600万色的TFT触控屏，摄像头仅有200万像素,分辨率为HVGA(320×480像素),这样的硬件配置在2007年并不算高端。

乔布斯说过,我们重新发明了手机,一部不能更换电池的手机,在当时看来这样的设计是极其"愚蠢"的。此外,iPhone手机还不支持多任务处理、蓝牙传输等众多在当时看起来非常重要的功能。甚至可以这样说,当时市

□乔布斯

面上任何一款上千元的手机，通话功能都比 iPhone 强。

伴随着众多业界的质疑，苹果首款 iPhone 手机于 2007 年 6 月开始全球同步发售。从发售当天众多粉丝彻夜排队购买的情况看，众多质疑 iPhone 的人都傻了眼，而这仅仅只是开始。

尽管 iPhone 当时在全球表现还是比较好的，但由于国内依然是 Symbian 占主导地位，加上 iPhone 一开始并不能完美地拨打电话，与国内流行的 MP3 铃声相比它甚至不能更换来电铃声，因此一定程度上阻碍了 iPhone 的发展。所以，第一代 iPhone 在国内市场上表现并没有那么好。

我们现在看来，用 iPhone 当然要配一个 3G 号码，可是第一代 iPhone 发布的时候的确是不支持 3G 网络的，而 2007 年中国大陆也没有颁发 3G 牌照，因此对中国玩家来说影响甚微。

时隔一年，苹果公司发布了第二代 iPhone。第二代可支持 3G 网络，并且增加了对企业邮件系统的支持，同时 GPS 导航功能也被融入其中，如果说一代是试水之作的话，那么第二代才是真正的苹果手机。

新的 iPhone 3G 整机设计更加一体化，背面也没有金属与塑料的混合搭配，并且这一设计一直延续到了 iPhone 3GS 身上。

硬件方面，iPhone 3G 同样配备了 3.5 英寸 1600 万色的触控屏，同样的 480×320 像素分辨率，不过这一代的 iPhone 3G 相比上代 iPhone 屏幕要发黄一些，这也与屏幕的色温有很大的关系。而在系统方面，iPhone 3G 首次加入了多国语言的支持，包括简繁体中文、日文、韩文等其他亚洲语言；其次，内置中文简体/繁体输入法，并支持手写输入，国内用户再也不必去汉化手机，而这样重大的升级已经呈现出 iPhone 手机将要席卷中国市场的苗头。

可以说在苹果iPhone手机诞生之前，手机行业几乎没有出现过黄牛的现象，无论是人气多么火爆的诺基亚N73，还是价格不菲的诺基亚8800，国内的货源要多少有多少，而苹果iPhone的发布不仅仅让苹果的股票疯狂上涨，更是养活了国内一大批黄牛。

当时一台16GB的iPhone 3G国内报价为10800元，这样的售价甚至超过了之前的机皇诺基亚N95。不在大陆上市的iPhone成了玩家手中的抢手货，贩卖手机的商家开始做起了黄牛生意。由于2008年iPhone还未在大陆上市，加上iPhone的魅力，导致国内需求量极大，也造成了不怕你卖不出去，只怕你没货进的局面。

2009年iPhone已经走过了三个年头，在这一年中苹果发布了速度更快的iPhone 3GS，毋庸置疑S是速度(Speed)的意思。在上市的首发日，专卖店依然聚集了通宵排队的粉丝，拥有一部iPhone不仅成为数码爱好者的象征，更是时尚潮流人士的必备。

iPhone 3GS在外观方面和iPhone 3G几乎没任何的区别，机身正面同样搭载一块3.5英寸触控屏，分辨率依旧是HVGA(480×320像素)，显示效果没有实质性的提升。不过机身背面的摄像头却由200万像素提升至300万像素，并且加入了触控对焦功能，拍摄效果有了明显的改进。

iPhone 3GS在硬件方面提升还是比较大的，其处理器主频达到了667MHz，并且运行内存(RAM)也提升为256MB，同时它还配有全新的OpenLGES 2.0图形处理引擎，在3D效果方面表现异常出色。值得一提的是，这次的iPhone 3GS将内存也升至32GB，保证了用户对多媒体存储的需求。

毋庸置疑iPhone 3GS搭载了当时最新的iOS 3.0版本，全面支持复制粘贴功能，要知道在Symbian平台上经常使用的复制粘贴功能，在iPhone前两代是不支持的。正是iPhone 3GS发布这一年，国内运营商联通首次牵线苹果发布了国内首款iPhone行货手机，推出的有iPhone 3G 8GB黑色版、iPhone 3G 16GB黑/白色版、iPhone 3GS 32GB黑/白色版。

2010年苹果发布了号称可以改变一切的iPhone 4，全新的外观设计、强悍的硬件配置、近乎完美的 iOS 4 系统，让这颗苹果变成了金苹果。

iPhone 4 在外观方面相比前三代有着非常大的不同，机身采用硬朗的线条式设计，前后面板均采用了铝硅酸盐玻璃材质，边框则为不锈钢金属。同时，它的机身厚度仅为 9.3 毫米，比 iphone 3GS 足足薄了 3 毫米。

苹果 iPhone 4 在硬件方面同样有着大的不同，配备了一个主频 1GHz 的 A4 处理器，拥有比 iPhone 3GS 大一倍的 512MB 运行内存。另外，它的摄像头像素也达到了 500 万像素，更因采用背照式 CMOS 技术，能够在夜间取得相当不错的成像效果，同时噪点也能够得到有效的控制，并且受玩家期待的前置摄像头也被加入其中。

关于 iPhone 4S 命名的含义，之前各有说辞，“Super”“star”“second”等轮番上阵。随着苹果前任 CEO 斯蒂芬·乔布斯的离世，人们似乎达成了共识：iPhone 4S 就是 iPhone for Steve Jobs。

知识链接

第四代苹果手机广告语的含义

iPhone4 的广告语“再一次改变一切”，它意味着屏幕的提升，硬件性能的提升，软件的优化、优秀的工业设计，照相、摄像效果提升……同样也体现了苹果公司追求完美的精神。

数码相机的发展历程

科普档案 ●**产品名称:**数码相机 ●**优点:**操作灵活、存取方便、感光度灵敏

数码相机是集光学、机械、电子技术于一体的摄影产品。它配置了影像信息的存储、转换和传输等元件,具有数字化存取模式,最初利用它通过卫星向地面传送照片,后来转为民用并不断拓展应用范围。

数码相机是数码照相机的简称,是一种利用电子传感器把光学影像转换成电子数据的照相机。数码相机与普通相机的原理完全不同。普通相机是在胶卷上靠溴化银的化学变化来记录图像,数码相机是靠传感器(一种光感应式的电荷耦合或互补金属氧化物半导体)来记录图像。当光线通过镜头进入相机,经过成像元件转化为数字信号后,数字信号再通过影像运算芯片储存。数码相机的成像元件是CCD或者CMOS,特点是光线通过时,能根据不同的光线转化为电子信号。在图像传输到计算机以前,会先储存在数码存储设备中。

与传统相机相比,数码相机有其自身优点:

一、拍照之后可以立即看到图片,可对不满意的作品进行删除并重拍,这样就减少了遗憾的发生。

二、色彩还原和色彩范围不再依赖胶卷的质量。

三、感光度也不再因胶卷而固定,数码相机里的光电转换芯片能选择多种感光度。

虽然数码相机科技含量高于传统相机,但在一些方面却无法超越传统相机:

一、由于数码相机成像,是通过成像元件和影像处理芯片来转换,所以成像质量缺乏层次感。

□单反相机

二、由于不同厂家的影像处理芯片技术不同，所以照片颜色会与实际物体有差别。

数码相机按用途可分为：单反相机、卡片相机、长焦相机和家用相机等，不同类型的相机有着不同的用途。

单反相机是指单镜头反光数码相机，英文缩写 dslr 即 digital 数码、single 单独、lens 镜头、reflex 反光的。此类相机一般体积较大，比较重。使用电子取景器 evf 的机型，也归入单反类。市场中的代表机型有尼康、佳能、宾得、富士等。在单反数码相机的工作系统中，光线透过镜头到达反光镜后，折射到上面的对焦屏并结成影像，透过接目镜和五棱镜，我们可以在观景窗中看到外面的景物。而一般数码相机只能通过 lcd 屏或者电子取景器(evf)看到所拍摄的影像。显然直接看到的影像比通过处理看到的影像更利于拍摄。单反数码相机的一个很大的特点就是可以交换不同规格的镜头，这是单反相机天生的优点，是普通数码相机所不具备的。

卡片相机指那些拥有小巧的外形、相对较轻的机身以及超薄时尚的设计的数码相机，索尼 T 系列、奥林巴斯 AZl 和卡西欧 z 系列等都应划分于这一领域。卡片数码相机可以随身携带。虽然它们功能并不强大，但是最基本的曝光补偿功能还是超薄数码相机的标准配置，再加上区域或者点测光模式，有时候能够完成一些摄影创作。通过对画面曝光的基本控制，再配合色彩、清晰度、对比度等选项，也可以拍出很多漂亮的照片。卡片相机和其他相机相比具有时尚的外观、大屏幕液晶屏、小巧纤薄的机身、操作便捷等优点，缺点就是手动功能相对薄弱、超大的液晶显示屏耗电量较大、镜头性能较差。

长焦数码相机指的是具有较大光学变焦倍数的机型，而光学变焦倍数越大，能拍摄的景物就越远。长焦数码相机主要特点其实和望远镜的原理差不多：通过镜头内部镜片的移动而改变焦距。那些镜头越长的数码相机，内部的镜片和感光器移动空间越大，所以变焦倍数也越大，代表机型为：美能达 Z 系列、松下 FX 系列、富士 S 系列、柯达 Dx 系列等。

数码相机的历史可以追溯到 20 世纪四五十年代。录像机的大量生产代表着电子成像技术产生，这就为数码相机的产生提供了技术条件。冷战期间，由于大国之间的科技竞争，数码图像技术发展得更快。1975 年，在美国纽约罗彻斯特的柯达实验室中，世界上第一台数码相机拍摄出了第一张数码照片，标志着数码相机的诞生。

1981 年索尼公司发明了世界上第一架不用感光胶片的电子静物照相机（"马维卡"照相机），这是当今数码照相机的雏形。

1991 年柯达试制成功世界上第一台数码相机。东芝公司发表 40 万像素的 MC-200 数码相机，这是第一台在市场上出售的数码相机。

1997 年奥林巴斯首先推出"超百万"像素的 CA-MEDIAC-1400L 型单反数字相机，引起行业巨大震动。

1998 年是低价"百万像素"数字相机成为新的热点和主流产品的一年，当年发表或出售的新机种 60 多种，20 多个厂商：卡西欧（4 种）、富士胶片（8 种）、柯达（4 种）、美能达（3 种）、尼康（3 种）、佳能（4 种）、奥林巴斯（4 种）、三洋（6 种）、索尼（6 种）、精工爱普生（4 种）。发布两种的有阿克发、惠普、柯尼卡、飞利浦、理光，发布一种的有东芝、松下电子、日立、JVC、京瓷、莱卡、三星和中国的海鸥，其中达到和超过"百万像素"的新产品约占全部新机种的 80%，最高达到 168 万

□长焦数码相机

像素的佳能 PowershotPro70 数码相机，具有 2.5 倍光学变焦和 2 倍数字变焦，TTL 自动调焦、自动曝光、2 英寸(一英寸=2.54 厘米)彩色 TPY 液晶屏，有每秒 4 帧的速度最大连拍 5 秒功能。

2000 年普及型数码相机发展。商品化的数码相机从诞生到现在，发展速度是惊人的，我们相信会有更好的产品出现。

知识链接

数码相机的变焦镜头

就镜头的整体而言，变焦范围变大，镜头会随着变形。10 倍超大变焦的镜头最常遇到的问题就是镜头畸变。超大变焦的镜头很容易在广角端产生桶形变形，在长焦端产生枕形变形。尽管目前技术无法解决，但是好的镜头会将变形控制在一个合理范围内。目前的 10× 超大变焦镜头实际上在光学性能上应该可以满足人们日常拍摄的需要。

无线电导航技术的应用

科普档案 ●**技术名称**：无线电导航技术 ●**技术特点**：利用无线电保障，安全准时运载

无线电导航是利用无线电保障运载工具安全、准时地从一地航行到另一地的技术和方法。导航和定位密切相关，全球定位系统的研制成功使导航在越来越多的领域发挥着重要的作用。

无线电导航主要利用电磁波传播的基本特性，通过无线电波的接收、发射和处理，再由导航设备测量出所在载体相对于导航台的方向、距离、距离差、速度等导航参量（几何参量），通过测量无线电导航台发射信号（无线电电磁波）的时间、相位、幅度、频率参量来确定运动载体相对于导航台的方位、距离和距离差等几何参量，从而确定导航台与运动载体之间的相对位置关系，实现对运动载体的定位和导航。

无线电导航不受时间、天气条件限制，准确度高，导航距离远，定位时间短，设备稳定，操作简单。但辐射和接收无线电波易被发现和干扰，需要载体外的导航台支持才能正常使用，如果导航台失效，导航设备就无法使用。无线电导航所使用的设备或系统有无线电罗盘、伏尔导航系统、塔康导航系统、罗兰C导航系统、奥米加导航系统、多普勒导航系统、卫星导航系统以及发展中的"导航星"全球定位系统等。

无线电导航根据运载工具的不同分为：船舶无线电导航和飞行器导航。

船舶无线电导航又称无线电航海，是利用无线电波测定船位和引导船舶沿预定航线航行的技术。

飞行器导航是指利用无线电引导飞行器沿规定航线安全到达目的地的技术。利用无线电波，计算出与规定航线的偏差，由驾驶员或自动驾驶仪

□卫星导航定位系统是一种以卫星为基础的无线电导航系统

消除偏差。

无线电导航设备的主要安装基地包括地基（设备主要安装在地面或海面）、空基（设备主要安装在飞行的飞机上）和卫星基（设备主要装在导航卫星上）3 种。

根据作用距离分为近程、远程、超远程和全球定位 4 种。

无线电信号中包含四个参数：振幅、频率、时间和相位。无线电波在传播过程中，某一参数可能发生与某导航参量有关的变化，通过测量这一电气参数就可得到相应的导航参量。根据所测电气参数的不同，无线电导航系统可分为振幅式、频率式、时间式（脉冲式）和相位式 4 种。也可根据要测定的导航参量将无线电导航系统分为测角（方位角或高低角）、测距、测距差和测速 4 种。

无线电导航测角系统是利用无线电波直线传播的特性，将飞机上的环形方向性天线转到最小接收的信号幅值，从而测出电台航向（见无线电罗盘）。同样，也可利用地面导航台发射迅速旋转的方向图，根据飞机不同位置接收到的无线电信号的不同相位去判定地面导航台相对飞机的方位角。测角系统可用于飞机返航，测角系统的位置线是直线（角度参量保持恒值的飞机所在锥面与地平面的交线）。测出两个电台的航向就可得到两条直线位置线的交点，这交点就是飞机的位置。

无线电导航测距系统是利用无线电波恒速直线传播的性质来工作的，主要用于空间测距。在飞机和地面导航台上各安装一套接收、发射机。飞机向地面导航台发射询问信号，地面导航台接收并向飞机转发回答信号，测出滞后时间就可算出飞机与导航台的距离。利用电波的反射特性，根据地面导航台或飞机的反射信号的滞后时间也可测出距离。

无线电导航测距差系统是利用时间差与距离差来测距的。在飞机上安装一台接收机，地面设置 2~4 个导航台。各导航台同步地（时间同步或相位同步）发射无线电信号，各信号到达飞机接收机的时间滞后与导航台到飞机的距离成比例，测出它们到达的时间差就可求得距离差。与两个定点保持等距离差的点的轨迹是球面双曲面，因此这种系统的位置线是球面双曲面与飞机所在高度的地心球面相交而成的双曲线。利用 3 个或 4 个地面导航台可求得两条双曲线，根据两条双曲线的交点即可定出飞机的位置。现代使用的测距差系统大多是脉冲式或相位式的。

无线电导航测速系统是利用多普勒效应工作的。安装在飞机上的多普勒导航雷达以窄波束向地面发射厘米波段的无线电信号，飞机接收到由地面反射回来的信号频率与发射信号频率不同，存在一个多普勒频移，测出多普勒频移就可求出飞行器相对于地面的速度（见多普勒导航系统）。再利用飞机上垂直基准和航向基准给出的俯仰角和航向角，将径向速度分解出东向速度和北向速度，分别对时间求积分即可得出飞机当时的位置。多普勒测速系统的位置线也是双曲线，它是由等多普勒频移的锥面与飞机所在高度的地心球面相交而成的。

知识链接

无线电导航发展历史

20 世纪 20～30 年代，无线电测向是航海和航空仅有的一种导航手段，而且一直沿用至今，不过它后来已成为一种辅助手段。第二次世界大战期间，无线电导航技术迅速发展，出现了各种导航系统。雷达也开始在舰艇和飞机上用作导航手段。飞机着陆开始使用雷达和仪表着陆系统。60 年代出现子午仪卫星导航系统。70 年代微波着陆引导系统研制成功。80 年代，同步测距全球定位系统研制成功。无线电导航在军事和民用方面有着广阔的应用前景。

电子学习工具

科普档案 ●**产品名称**:电子学习工具 ●**产品特点**:互动性强,能激发人们的学习兴趣

电子学习工具依靠电子和多媒体等技术手段,能帮助人们效率更高地去学习。主要有复读机、点读机、电子词典(学生掌上电脑)、学生电脑、游戏机等。目前人们主要使用电子词典和学生电脑。

20世纪80年代初,录音机作为一种辅助学习工具,在教育学习和语言学习中被人们广泛地使用。录音机属于第一代电子学习工具。

20世纪90年代初,复读机诞生,除了延续录音机的功能外,还增加了录音回放的功能,尤其适合学外语的人群使用。复读机依然以辅助语言学习为主要功能。

20世纪90年代中期,电子词典问世,与以往产品不同,电子词典带有独立显示屏,提供个人信息管理、中英词典、中英互译等功能,还具有句子短文的朗诵功能,已经不单单是一个语言类学习的辅助工具,它包括了不同阶段的课程知识点、公式、定理,更增加课外趣味性的知识。21世纪初,电子词典可以通过网络下载来丰富和更新内容。

21世纪初,便携式学习机正式上市。其实从第三代电子学习产品开始,这种便携式学习机已经研制成功,但当时主要利用电视屏进行输出和显示,随着技术的发展,学习机不仅拥有了电子词典便携的外形,更进一步增强了产品功能,支持不同学习形式和多样化科目。拓展版的学习机功能更加完善,具备开放式操作系统、支持容量扩充、播放器等功能。

2005年开始,便携式学习机更注重学习资源和教学策略的应用。课堂同步辅导、全科辅学功能、多国语言学习、标准专业词典以及内存自由扩充等功能已开始成为学习机的主流特征。随着网络的普及,越来越多的学习

机产品全面兼容网络学习、情境学习、随身外教、单词联想记忆、在线图书馆等多种模式，以及大内存和SD/MMC卡内存自由扩充功能。应该说，第四代电子学习产品基本能满足人们的学习需求。

□太奇Pad为代表的学生平板电脑

2011年，第五代电子学习产品——学生平板电脑上市。第五代产品的核心技术是3D互动激励学习平台，以黄冈中学推出的太奇Pad为代表。跟第四代相比，具有以下特点：

一是太奇Pad借鉴3D虚拟技术和网络交互功能，独家研发3D互动激励学习平台，通过3D模式呈现真实的校园课堂场景，学生以自己设计的虚拟人物形象进入平台学习，类似于真实的课堂情景，充分营造出学习氛围。学生在享受黄冈中小学名校名师教学的同时，可以在线和伙伴们沟通。

二是太奇Pad吸取了网络技术的最新发展成果，让学生在游戏般的场景中进行学习。太奇3D互动激励学习平台以3D形式模拟出真实的校园课堂，呈现各种教学课程、学习功能、学习资料，在游戏般的界面中学习，充分激发学生的学习激情。这种寓教于乐的激励方式符合广大学生的天性，也让学生真正体会到信息化时代带来的学习乐趣。

三是太奇Pad还提供全方位的服务。全程学习跟踪：跟踪每个学生的学习过程提出意见和建议。学科疑难解答：黄冈一线老师在线回答学生的各科疑难问题。学法指导：根据每位学生的特点，激发学生的学习兴趣，找到适合学生的学习方法，并灵活应用于日常学习中。心理辅导：有针对性地解决学生与父母、老师与同学相处的烦恼，以及学生学习兴趣低、焦虑、紧张等心理问题。

目前国内市场上类似“学生平板电脑”的产品都属于能上网的学习机。

作为第五代电子学习产品的开创者——太奇 Pad 的硬件配置是目前达到甚至是领先苹果 ipad 配置的学生专用电脑。太奇 Pad 采用 NvidiaTegra Ⅱ 1GHz 双核处理器，保证了学习课程流畅稳定；采用 Android 系统，使操作更简单；采用 1366X768 高分辨多点触控电容屏，使学生阅读学习不伤眼；200 万像素摄像头；10 小时超长互动时间；3G、WiFi 高速便捷联网，这些强大的配置，成为学生的首选。

第五代电子学习产品具有划时代的意义。主要是学生不再把电子学习产品作为一个教辅工具，而是把它当成一个学习的伙伴。

知识链接

电子学习工具的发展历程

电子学习产品自诞生至今都在不断挖掘和满足学生们的需求，历经“录音机时代”（第一代），“复读机时代”（第二代），“电子词典时代”（第三代），“视频学习机时代”（第四代）。不难发现，电子学习产品每一次更新都得益于科技硬件的发展。以太奇 Pad 为代表的学生平板电脑以多媒体化的学习方式，兼具便携性与实用性于一身，引领电子学习产品的潮流。

电子发明大观

□锐意创新的电子工程

第2章

仿真型电子烟

科普档案 ●**产品名称**：仿真型电子烟 ●**优点**：代替香烟、辅助戒烟

电子烟是一种新型电子产品（也可以叫作电子雾化器），它有着与香烟一样的外观、与香烟一样的味道，甚至比一般香烟的口味要多出很多，也像香烟一样能吸出烟、吸出味道跟感觉来，但它不是真烟，它由空气传感开关、智能控制电路、智能芯片、锂离子电池等微电子高科技器件构成，它与香烟有着本质的区别。

电子烟又名虚拟香烟、电子雾化器，主要替代香烟。它有着与香烟一样的外观、与香烟近似的味道，甚至比一般香烟的口味要多出很多，也像香烟一样能吸出烟、吸出味道跟感觉来。

生产电子烟是为了适应国外的要求，因为国外有很多法律法规禁止在公共场所吸烟，而且国外人的生活水准普遍较高，有钱人多，对生活质量要求严格。所以，电子烟最初就是设计用来外贸出口的，当时在国内也有一些品牌，不仅价格非常昂贵，而且几乎没有在国内销售，都是出口的，所以很多国人都不知道。但是随着金融危机的到来，很多出口产品都转内销了，价格才慢慢降了下来。

接着，电子烟国内市场应运而生，这时候的电子烟主场地转移到深圳，深圳本身具有较大的电子产业和外贸产业优势以及完整的产业链。

第一代电子烟的设计从外形上完全是模仿普通真烟的形状，烟弹是黄色，烟体是白色。因为其外形类似于真烟，在第一感觉上就被顾客所接受，所以也流行了几年。但是，随着人们，尤其是国外客户，对第一代电子烟的使用越来越多，在使用过程中慢慢地就发现了它的许多缺点。第一代电子烟的雾化器很容易烧断，另外在更换烟弹的时候，容易伤害到雾化器的尖头部位。日积月累就会完全磨坏，最后导致雾化器不出烟。

现在已经开发出了非常完善的新一代电子烟，诸如 k-smoker、JOJO

Smoker、one smoker、mini 等电子烟。新一代电子烟要比旧一代电子烟稍长，直径一般为 9.25 毫米。最主要的特点是它的雾化器经过了改进，雾化器外面带有保护罩，烟弹插入到雾化器里面，而旧一代电子烟是雾化器插入到烟弹里面，正好相反。它的特点就是把烟弹与雾化器进行了合并，这是最为显著的特点。使用者每次进行烟弹更换时，需要把雾化器一并遗弃。这样的设计可以解决雾化器技术不成熟的问题。

虽然电子香烟有款式或者牌子，但它们的基本结构一般都由三部分构成：电池杆、雾化器、烟弹。

一般来说烟弹就是吸嘴部分，而有些工厂应客户需求把雾化器和烟弹粘合起来，做成一次性雾化器。这样做的好处就是可以极大地提高电子烟的口味和烟雾量，同时质量更稳定了。因为做电子烟的人都知道，雾化器是最容易坏的，传统电子烟都是一个单独的雾化器，没几天就坏了。这也是电子烟以前为什么被人质疑的根本原因。而且如果一直用一个单独的雾化器，时间久了，口感也非常差，烟雾量也非常小了。这就直接影响戒烟的效果。雾化器的构造就是一个加热元器件，通过电池供电发热，使旁边的烟油挥发，形成烟雾，从而让人吸的时候有“吞云吐雾”的效果。

烟杆内部构造使用相同的基本组成部分：一个灯 PCBA 板、充电电池、各种电子电路。

大多数电子香烟使用锂离子及二次电池电源元件。电池寿命则取决于电池类型和大小，使用的次数和操作环境，并且许多不同的电池充电器类型可供选择，如插座直充、车充、USB 接口的充电器。电池是电子香烟最大的组成部分。

有些电子香烟使用电子气流传感器启动加热该元件，一吸气电池就开

□仿真电子烟

始工作，而手动感应的电子香烟则需要用户按下按钮，然后才可以吸烟。相对来说气动的使用方便，手动的电路比气动稳定、出烟量也比气动的好。用户可以很快发现这并不是很可能的，随着硬件和软件的发展，几个厂商开始着手研发全自动机械制造电子烟，杜绝使用人工自己布线、焊接，以达到安全性和可靠性。这是个趋势，但是一旦研制出来，中国电子烟制造就不可能以人工成本低来占领国际市场了。

电子烟采用国际上最通用的尼古丁替代疗法，就是逐步降低抽烟者的尼古丁吸入量，一般是从高到低，逐步降低。但是，即使最高浓度的尼古丁含量也只有普通香烟的1/3，这样就能避免对电子烟产生依赖。

据不完全统计，电子烟应该是现在尼古丁替代疗法各种产品中戒烟成功率最高的。它除了采用尼古丁替代疗法，还有一个最大优势，就是不改变抽烟者本人的习惯性动作，而且能够满足抽烟者的嘴瘾。这是非常重要的，很大一部分烟民，由于很难摆脱自己多年以来形成的抽烟习惯和动作，所以才一直不能成功戒烟。

□仿真电子烟

电子烟通过高科技硅芯片和气流感应器控制烟雾输出量及工作状态，烟碱被雾化，将含有烟碱和香精的溶液雾化成微粒，通过肺部吸收，同时吐出模拟烟雾，而不含香烟中的焦油和其他有害成分，既不会产生二手烟也不会弥漫或缭绕在密闭空间中。而传统香烟是以烟叶或烟草点火燃烧，同时危害了吸烟者与非吸烟者的健康。

由于电子烟一直缺乏有系统的临床实验数据支持，一些国家认定电子烟非法，一些国家认定电子烟必须符合药物标准才能当成戒烟药品贩售。

知识链接

电子烟的作用

模拟真实吸烟过程，和真烟一样不改变抽烟习惯动作，从生物角度人性化地模拟了吸抽、吞吐的整个过程，缓解降低烟瘾，健康替烟，完全能满足吸烟者的生理和心理需求。电子烟通过现代电子技术令吸烟者在吸入电子烟雾的同时，感受到同吸传统香烟一样的快感，并能使人在不知不觉中摆脱对香烟的依赖，从而实现人性化控烟目的。电子烟通过尼古丁替代疗法，依照疗程逐步减少吸入体内的尼古丁，直至使用无尼古丁的烟液，习惯并适应一段时间即可去除烟瘾。在使用电子烟过程中应多喝水，有助于排除尼古丁，帮助戒烟。

3G 时代的手机

科普档案 ●**产品名称：**第三代智能手机 ●**优点：**数据传输快，结合多媒体技术

从第一代模拟制式手机到第二代的 GSM、TDMA 等数字手机，再到现在的第三代手机，手机已经成了语音通信和多媒体通信相结合，并且包括图像、音乐、网页浏览、电话会议以及其他一些信息服务等增值服务的新一代移动通信系统。

3G 手机，通俗地说就是指第三代(The Third Generation)手机。随着科技和经济的发展，目前手机的品种和型号多得让人眼花缭乱，从第一代模拟制式手机到第二代的 GSM、TDMA 等数字手机，再到现在的第三代手机，手机已经成功实现了语音通信和多媒体通信的结合，并且成为包括音乐、图像、网页浏览、电话会议以及其他一些信息服务等增值服务的新一代移动通信系统。

据专家介绍，3G 时代的手机除了能高质量地完成目前手机所做的语音通信外，还能进行多媒体通信。用户可以在 3G 手机的触摸显示屏上直接写字、绘图，并将其传送给另一部手机，而所需时间可能不到 1 秒。

3G 手机完全是通信业和计算机工业相融合的产物，和此前的手机相比差别实在是太大了，因此越来越多的人开始使用这类新的移动通信产品作为“个人通信终端”。即使是对通信业最不在行的人，也可从这种手机的外形上轻易地判断出它是不是“第三代”：第三代手机都有一个超大的彩色显示屏，往往还是触摸式的。3G 手机除了能完成高质量的日常通信外，还能进行多媒体通信：用户可以在 3G 手机的触摸显示屏上直接写字、绘图，并将其传送给另一部手机。

当然，也可以将这些信息传送给一台电脑，或从电脑中下载某些信息。用户可以用 3G 手机直接上网，查看电子邮件或浏览网页。有不少型号的

3G手机自带摄像头，用户可以利用手机进行电脑会议，甚至使数字相机无用武之地。

具备强大功能的基础是3G手机极高的数据传输速度，目前的GSM移动通信网的传输速度为每秒9.6KB，而第三代手机最终可能达到的数据传输速度将高达每秒2MB。为此做支撑的是互联网技术充分糅合到3G手机系统中，其中最重要的就是数据打包技术。在现有GSM上应用数据打包技术发展出的GPRS目前已达到每秒384KB传输速度，这相当于D-ISDN传输速度的两倍。3G手机支持高质量的话音，分组数据，多媒体业务和多用户速率通讯，将大大扩展手机通讯的内涵。

从第一代手机的问世到当下的第三代手机仅仅用了十几年的时间。1995年问世的第一代数字手机只可以进行语音通话，而1996~1997年出现的第二代数字手机除了语音通话外，还增加了接收数据的功能，可以接收

□3G手机

电子邮件或网页。第三代与前两代的主要区别在于传输声音和数据的速度上的提升。第三代手机能够处理图像、音乐、视频流等多种媒体形式，还提供包括网页浏览、电话会议、电子商务等多种信息服务。相对第一代模拟制式手机(1G)和第二代 GSM、TDMA 等数字手机(2G)，3G 通信的名称繁多，国际电联规定为“IMT-2000”(国际移动电话 2000)标准，欧洲的电信业巨头们则称其为“UMTS”通用移动通信系统。该标准规定，移动终端以车速移动时，其传转数据速率为 144KB，室外静止或步行时速率为 384KB，而室内为 2MB。但这些要求并不意味用户可用速率就可以达到 2MB，因为室内速率还将依赖于建筑物内详细的频率规划以及组织与运营商协作的紧密程度。

国际上 3G 手机(3G handsets)有 3 种制式标准：欧洲的 WCDMA 标准、美国的 CDMA2000 标准和由中国科学家提出的 TD-SCDMA 标准。

国际电信联盟(ITU)确定 3G 通信的三大主流无线接口标准分别是 W-CDMA(宽频分码多重存取)、CDMA2000(多载波分复用扩频调制)和 TDS-CDMA(时分同步码分多址接入)。其中 W-CDMA 标准主要起源于欧洲和日本的早期第三代无线研究活动，该系统在现有的 GSM 网络上使用，对系统提供商而言可以较轻易地过渡，该标准的主要支持者有欧洲、日本、韩国。后来，美国的 AT&T 移动业务分公司也宣布选取 W-CDMA 为自己的第三代业务平台。

TD-SCDMA 标准是由中国第一次提出并在无线传输技术(RTT)的基础上与国际合作完成的，是 CDMA TDD 标准的一员，这是中国移动通信界的一次创举，也是中国对第三代移动通信发展的贡献。在与欧洲、美国提出的 3G 标准的竞争中，中国提出的 TD-SCDMA 已正式成为全球 3G 标准之一，这标志着中国在移动通信领域已经进入世界领先之列。

该标准是由中国大陆独自制定的 3G 标准。1999 年 6 月 29 日，由中国原邮电部电信科学技术研究院(大唐电信)向 ITU 提出。该标准将智能无线、同步 CDMA 和软件无线电等当今国际领先技术融于其中，在频谱利用率、对业务支持的灵活性、频率灵活性及成本等方面具有独特优势。另外，由于中国国内市场庞大，该标准受到各大主要电信设备厂商的重视，全球一半以上的设备厂商都宣布可以支持 TD-SCDMA 标准。

2008 年 12 月 24 日，工信部泰尔实验室为海信 TM86 出据了中国第一张支持 CMMB 功能的 TD-SCDMA。

2009 年 1 月 7 日，中国正式进入 3G 时代，世界各大手机厂商也开始进入中国内地的 3G 市场。最初的一批 3G 手机大部分由国产品牌制造，这让中国人首先体验了 3G 手机的感觉。后来随着三星、NOKIA 等大品牌的进入，打破了国产 3G 手机一枝独秀的局面。

知识链接

3G 手机的优势

语音通信和多媒体通信相结合，并且包括图像、音乐、网页浏览、电话会议以及其他一些信息服务等内容。数据传输速度极高，传输音质清晰。

黑莓手机

科普档案	●产品名称：黑莓手机	●优点：外形独特、价格低廉、邮件服务功能强大

黑莓手机，是指一种无线手持邮件解决终端设备，它依赖于特定的服务器软件和终端兼容现有的无线数据链接，可以随时随地收发电子邮件，这种手机主要受到高级白领和企业人士的青睐。

提起黑莓手机，首先要先介绍黑莓。黑莓(Black berry)，是指由加拿大Reserach In Motion，简称RIM公司推出的一种无线手持邮件解决终端设备，因其使用了标准的QWERTY英文键盘，看起来像是草莓表面的一粒粒种子，所以得名"黑莓"。该设备在后期的产品中也加入了手机的功能，所以国内普遍称之为"黑莓手机"。但是一般俗称的黑莓机，指的却不单单只是一部手机，而是包含服务器(邮件设定)、软件(操作接口)以及终端(手机)大类别的Push Mail实时电子邮件服务。

"黑莓"(Black berry)移动邮件设备基于双向寻呼技术。该设备与RIM公司的服务器相结合，依赖于特定的服务器软件和终端，兼容现有的无线数据链路，实现了遍及北美、随时随地收发电子邮件的梦想。这种装置并不以奇妙的图片和彩色屏幕夺人耳目，甚至不带发声器。"9·11"事件之后，由于Black berry及时传递了灾难现场的信息，而在美国掀起了拥有一部Black berry终端的热潮。

黑莓赖以成功的最重要原则——针对高级白领和企业人士，提供企业移动办公的一体化解决方案。企业有大量的信息需要即时处理，出差在外时，也需要一个无线的可移动的办公设备。企业只要装一个移动网关、一个软件系统，用手机的平台实现无缝链接，无论何时何地，员工都可以用手机进行办公。它最大方便之处是提供了邮件的推送功能：即由邮件服务器主动将收到的邮件推送到用户的手持设备上，而不需要用户频繁地连接网络查看是否有新邮件。

□黑莓手机

RIM 公司自 1984 年成立以来，早期推出的产品是 RIM 850/950 和 RIM 857/957，它们的外形十分像我们熟悉的寻呼机，具有收发 E-mail 的功能。

之后推出的 5790/5810 和 6210/6280 几个型号的产品，从外观上和现在的黑莓产品没有太大区别，只是当时它们都只配备了单色屏幕，16M 内存，并且不具备通话功能。

6230 应该是黑莓手机中具有划时代意义的一款产品。从 6230 开始，黑莓正式支持通话功能，成为真正意义上的“手机”。与 6230 同时代的，还有 6510/6750/6710 等型号。

在最新的黑莓 8100/8800/8830 以及极新的 8300 上，我们看到了之前黑莓手机一直不具备的一系列华丽功能：存储卡支持、200 万像素相机、闪光灯、MP3、视频播放等一系列吸引用户的多媒体功能。

总的来说，与其他手机相比，黑莓手机有很多特点：

外壳。新机外壳接合紧凑，缝隙处平整光滑，无毛刺。翻新机器一般采用仿原装外壳，缝隙处不平整，有毛刺，手机外壳上下两部分容易出现闭合不紧、留有很大缝隙的现象。鉴别时可以用小手指指甲尝试着插进手机上下盖的接缝。如果能插进去，就是翻新机。而外壳表面像新机一样磨砂，且有小颗粒的手机，更是万万不可购买，因为这种机子外壳的漆是 JS 喷上去的，时间一长，漆就会脱落(机壳上的灰尘小颗粒，是喷漆时没有真空环境作业造成的)。

新机翻开盖有一股淡淡的檀香味，若是翻新机，一般要对机身进行一番美容，外表尽管光滑但不够干燥，翻开盖或卸下电池后有橡皮味、塑料味或化学剂的气味。

键盘和数据线接口。由于充电器插头、数据线长期插拔的缘故，翻新机充电接口会出现难以消除的黑色划痕。翻新机键盘多采用旧机器上的键盘或者是仿造键盘，这种键盘的共性是手感比较柔软，没有新机键盘的韧性。

充电测试。充电的时间最好长一些，一般在10分钟以上，因为有许多翻新机充电时间稍长就会断电。这也是判断翻新机很有效的一个办法。

SIM卡芯片触点与电池触点。这两个触点一般是没法更换的。如果是翻新机，那么SIM卡芯片触点上就一定会留下清晰的摩擦痕迹，看起来发亮，这是摩擦过多所致。如果是新机未用过的芯片，则触点表层应是磨砂的。

固定螺丝。主要看螺丝和刀口接口部分有没有明显的划痕，内屏下方的两个胶垫有无挑痕。

通话质量。用自带SIM卡试机，打电话给你的朋友，最好是固定电话，问问对方通话质量如何，通话声音是否清晰，有无杂音、电流声，音量有无骤然下降的现象。

价钱。由于翻新机的零配件多为早期产品，质量也差，所以价格也低。要是遇到价格低得离谱而商家却称之为水货的手机，基本可以断定为翻新机。

黑莓之前一直没有在中国发售，直到2005年初，国内才有部分手机玩家开始使用黑莓。很快，黑莓手机迅速吸引了一大批追求个性时尚的手机玩家。

从2006年底开始，黑莓手机的业务进入中国。2006年黑莓红极一时，大量的商家看准了这块市场，但货源远远跟不上玩家对于黑莓的需求，于是市场上开始大量出现黑莓的翻新机。水货本身不可怕，可怕的是翻新的机器。这批机器的出现，基本标志了7230/7290/7100T几个广受国内玩家欢迎的型号彻底无法买到新机。

与此同时，大量盲目跟风，本身并不是手机玩家的一些普通用户，在盲目购买之后，因从未接触过此类系统，所以无法适应黑莓特殊的操作系统，开始转卖之前购买的黑莓手机，再一次掀起了市场上二手黑莓手机的选购热潮。

如此一来,市场上充斥了黑莓原装水货机、二手机、翻新机等多种货源,普通玩家无从分辨,也不敢轻易购买。

知识链接

黑莓手机的真正魅力

黑莓手机的真正魅力在于它完美的 PushMail 解决方案。通过在手机上使用 Pushmail，用户可以在手机上保持与电脑邮箱中的信息无线同步，包含：邮件、日历、联系人、任务等。使手机成为移动办公平台，随时随地处理商务信息。黑莓手机在全球的贸易、金融、保险等诸多行业得到了广泛的应用，中国也有数万精英用户开始使用中国移动的黑莓服务。

电子显微镜仪器

科普档案 ●**产品名称:**电子显微镜 ●**优点:**分辨率高,观察对象时更清晰

电子显微镜简称电镜,是根据电子光学原理,用电子束作为光源,用电子透镜代替光学透镜,使物质的细微结构在非常高的放大倍数下成像并显示标本超微结构的仪器。

电子显微镜是使用电子来展示物体的内部或表面的显微镜。高速的电子波长比可见光的波长短(波粒二象性),显微镜的分辨率受其使用的波长的限制。电子显微镜的分辨率(约 0.1 纳米)远高于光学显微镜的分辨率(约 200 纳米),所以通过电镜就能用肉眼直接观察到某些重金属的原子和晶体中排列整齐的原子点阵。

电子显微镜主要由下面五部分组成:

电子源是一个释放自由电子的阴极和一个环状的阳极加速电子,阴极和阳极之间的电压差必须非常高,一般在数千伏到 300 万伏之间。

电子透镜用来聚焦电子,一般使用的是磁透镜,有时也使用静电透镜。电子透镜的作用与光学显微镜中的光学透镜的作用是一样的。光学透镜的焦点是固定的,而电子透镜的焦点可以调节,因此电子显微镜不像光学显微镜那样有可以移动的透镜系统。

真空装置用以保障显微镜内的真空状态,这样电子在其路径上不会被吸收或发生偏向。

样品架可以稳定地放置样本,此外往往还有可以用来改变样品(如移动、转动、加热、降温、拉长等)的装置。

探测器用来收集电子的信号或次级信号。

经历了几十年的变迁,才有了今天的电子显微镜。

1926年汉斯·布什研制了第一个磁力电子透镜。1931年厄恩斯特·卢斯卡和马克斯·克诺尔研制了第一台透视电子显微镜，展示这台显微镜时使用的还不是透视的样本，而是一个金属格。1986年卢斯卡因此获得诺贝尔物理学奖。1938年他在西门子公司研制了第一台商业电子显微镜。

1934年锇酸被提议用来加强图像的对比度。1937年第一台扫描透射电子显微镜推出。

一开始研制电子显微镜最主要的目的是显示在光学显微镜中无法分辨的病原体，如病毒等。1949年可投射的金属薄片出现后，材料学对电子显微镜的兴趣大增。

20世纪60年代投射电子显微镜的加速电压越来越高，用以透视越来越厚的物质，这个时期电子显微镜达到了可以分辨原子的能力。

20世纪80年代人们能够使用扫描电子显微镜观察湿样本。90年代越来越多地用电脑来分析电子显微镜的图像，同时使用电脑也可以控制越来越复杂的透镜系统，而且电子显微镜的操作越来越简单。

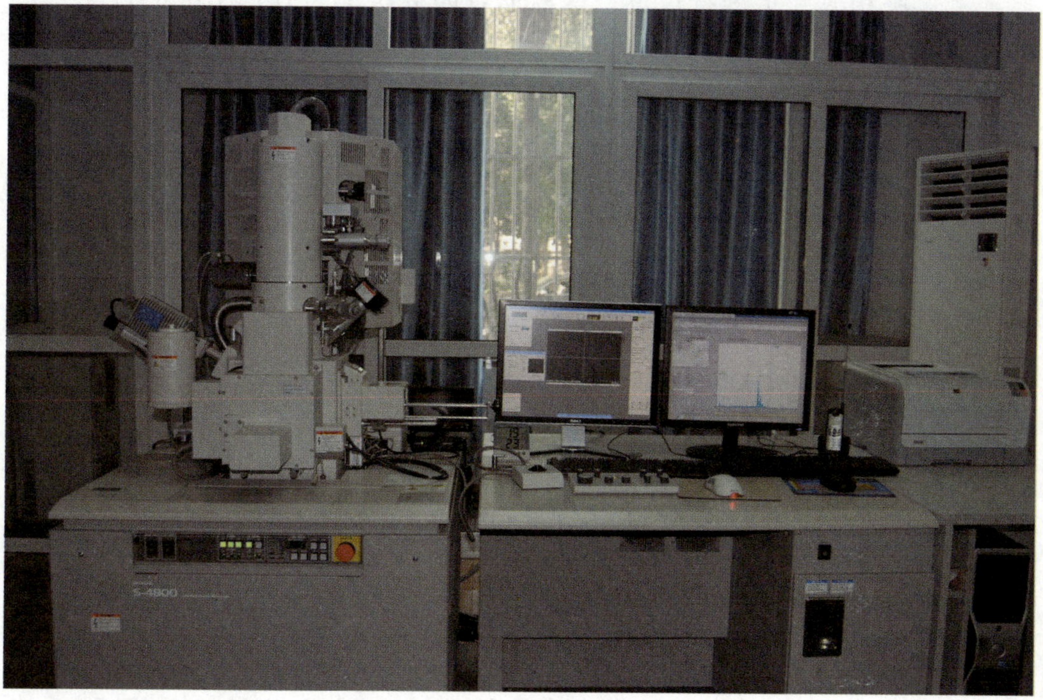

□电子显微镜

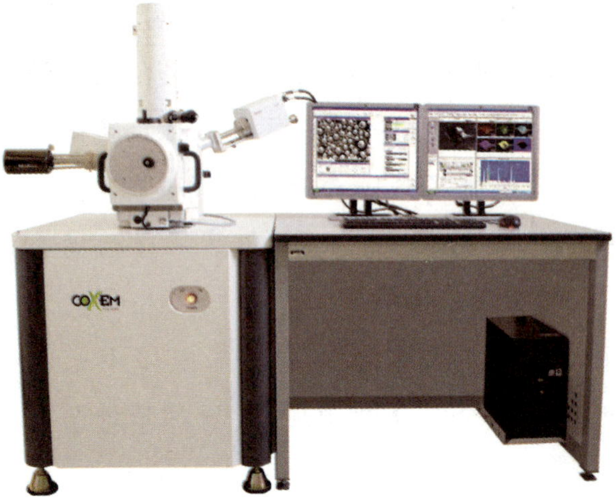

□扫描电镜

电镜按结构和用途可分为透射式电镜、扫描式电镜、反射式电镜和发射式电镜等。透射式电镜常用于观察那些用普通显微镜所不能分辨的细微物质结构。扫描式电镜主要用于观察固体表面的形貌,也能与X射线衍射仪或电子能谱仪相结合形成电子微探针,用于物质成分分析。发射式电镜用于自发射电子表面的研究。

透射电镜和扫描电镜是最常用的两种仪器。

透射电镜是以电子束透过样品经过聚焦与放大产生物像,并投射到荧光屏上或照相底片上进行观察。透射电镜的分辨率为0.1~0.2nm,放大倍数为几万至几十万倍。由于电子易散射或被物体吸收,故穿透力低,必须制备更薄的超薄切片(通常为50~100nm),其制备过程与石蜡切片相似,但要求极为严格。要在机体死亡后的数分钟取材,组织块要小(1立方毫米以内),常用戊二醛和锇酸进行双重固定树脂包埋,用特制的超薄切片机(ultramicrotome)切成超薄切片,再经醋酸铀和柠檬酸铅等进行电子染色。

电子束投射到样品时,可随组织构成成分的密度不同而发生相应的电子发射。电子束投射到质量大的结构时,电子被散射的多,因此投射到荧光屏上的电子少而呈暗像,电子照片上则呈黑色,称电子密度高(electron-dense)。反之,则称电子密度低(electronlucent)。

扫描电镜是用极细的电子束在样品表面扫描,将产生的二次电子用特制的探测器收集,形成电信号运送到显像管,在荧光屏上显示物体。细胞、组织表面的立体构象,可摄制成照片。

扫描电镜样品用戊二醛和饿酸等固定,经脱水和临界点干燥后,再在样品表面喷镀薄层金膜以增加二波电子数。扫描电镜能观察较大的组织表面结构，由于它的景深长，能够使 1mm 左右的凹凸不平面清晰成像，故扫描出的样品图像具有立体感。

知识链接

电子显微镜的弊端

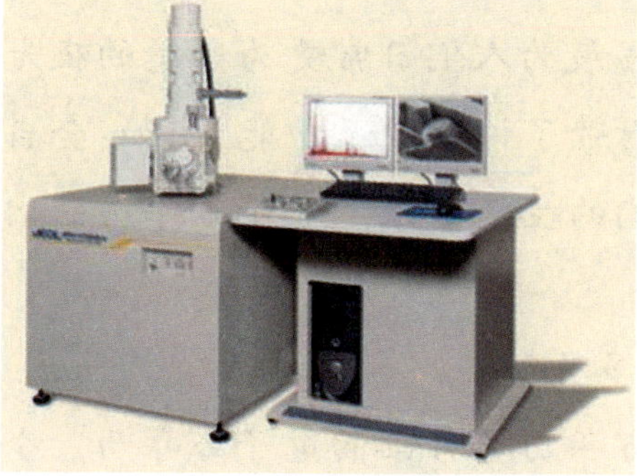

人们在利用电子显微镜工作的同时也会有一些遗憾。因为它存在一些弊端。

一是在电子显微镜中样本必须在真空中观察，因此无法观察活样本。在处理样本时可能会产生样本本来没有的结构，这加剧了此后分析图像的难度。二是由于投射电子显微镜只能观察非常薄的样本，这样就很难观察物质表面的结构与物质内部的结构不同的样本。三是电子束可能通过碰撞和加热破坏样本。四是电子显微镜购买和维护的价格都比较高。

实用的电子万年历

科普档案 ●**产品名称**：电子万年历 ●**优点**：独立芯片，结合先进的电子技术

电子万年历是采用独立芯片控制内部数据运行，以 LED 夜光数码显示日期、时间、星期、节气倒计和温度等常用信息，并结合多项先进电子技术及现代科技工艺打造的现代数码计时产品。

随着社会科技的进步，人们的物质生活中科技成分也越来越高。自人类进入 21 世纪以来，生活节奏逐步加快，对时间的要求就不同以往，人们十分渴望计时的精准性。

今天，最具代表性的计时产品就是电子万年历。这种万年历其实是钟表变革的产物。

众所周知，近代世界钟表业界爆发了三次革命。第一次是摆和摆轮游丝的发明，相对稳定的机械振荡频率源使钟表的时差从分级缩小到秒级，时间上更为精确，代表性的产品就是带有摆或摆轮游丝的机械钟或表。第二次革命是石英晶体振荡器的发明，用这种振荡器做成的石英电子钟表，走时日差从分级缩小到秒级，走时精度超过机械钟或表。最具影响力的就是第三次革命中单片机数码计时技术的应用，电子万年历结合了这种计时技术，成为计时产品的最新代表。电子万年历的走时日差从分级缩小到 1/600 万秒，从过去传统的指针计时的方式发展为人们日常更为熟悉的夜光数字显示方式，简单直观。电子万年历还附带了许多显示功能，比如：全自动日期、星期、温度等信息，因此更符合人们的生活需求。电子万年历的出现确实带来了钟表计时业界跨越性的发展。

结合了高科技的电子万年历产品有许多类型：

如果从外观上看，可分成全数码显示万年历和带画面电子万年历。全

数码显示万年历采用LED夜光数码屏幕，通过它显示日期、时间、星期、节气倒计和温度等日常信息，没有附加功能。带画面电子万年历除了能显示日期、时间、星期、节气倒计和温度等日常信息，还引进了现代经典工艺，带有唯美艺术画面。

如果从屏幕显示模式上来看，可分成静态显示万年历和动态显示万年历。静态显示是指每一位数码管一直处于通电状态，只需输入一个新的信号就会更新旧的数据，显示出新的数据。动态显示则是动态的每一位数码管在新数据输入之前都处于断电状态，当输入一个新的信号后再给所需点亮的数码管通电才能让它显示，其他的数码管在短时间内用同样的方式依次扫描点亮显示。

如果从时间显示方式上来看，可分成：单纯数字式万年历和混合式万年历。单纯数字式指日期、时间、星期、节气、温度等显示全部为LED数码管，混合式是指日期、星期、节气倒计、温度等信息以LED数码管显示，时间部分以指针显示。

现在电子万年历已经成为我们日常生活中不可缺少的现代电子产品。市场中，电子万年历质量参差不齐。或许你或你的亲戚朋友曾经有过这样的经历：对所购买的电子万年历刚开始还称心如意，觉得这儿好那儿也不错，可过不多久就会不满意，不是数字断笔，就是时间不准，要不就是不显示任何信息。主要原因就是我们在购买前对生产厂家、商品的质量、市场的价格、性能及与居家的搭配了解不够，在没有了解清楚的情况下购买万年历。

我们在选购电子万年历时，首先从它的外观着眼，看看产品有无缺陷和破损（例如玻璃和底壳等），外壳线条

□电子万年历

是否清晰，面板印刷是否整洁、有光泽，显示窗口有无明显的异物遮挡等。

其实电子万年历的包装也能反映出产品的档次。一般对品质要求比较高的企业在产品包装方面也是有比较高的要求，所以包装物的好坏反映了产品品质的好坏。如果我们从包装方面去选购，应该会选到好产品。

如今电子万年历“飞入”寻常百姓家，各种挂式、台式以及带装饰画面等种类多样的电子万年历数不胜数。电子万年历不但满足了精准的计时需求，还将计时带上了时尚科技的味道。多种功能的设置，时尚的外观，这体现了现代工艺和先进电子科技的完美结合。

知识链接

电子万年历的特点

电子万年历有两个特点：一是采用独立芯片控制内部数据运行，计时产品的走时日差从分级缩小到 1/600 万秒。二是用多项先进电子技术及现代经典工艺打造，从原有传统指针计时的方式发展为人们日常更为熟悉的夜光数字显示方式，直观明了，而且附带了全自动日期、星期、温度以及其他日常附属信息的显示功能。

液晶式全电子手表

科普档案 ●**产品名称**:液晶电子手表 ●**优点**:全电子化,内部运用集成电路

液晶显示式电子手表,也叫全电子表或固态表。20世纪70年代,瑞士、日本等国研制成液晶显示(表盘上直接显示数字)石英电子手表,它是全电子化的手表,无任何走动元件,内部运用集成电路,走时更为精确。

电子表内部装配有电子元件,主要分为液晶显示数字式和石英指针式两种。

经常戴电子表的人一定都是为了它的方便和高准确度。电子表不但能显示时间,而且能显示出星期和日期。它与机械表有一定的区别。一提到机械时钟或表,大家一定会想起振动。机械表利用的是机械振动,电子表当然利用的是电学振荡原理。最早的振荡电路是由电感器和电容器构成,称为LC电路,但它的频率稳定性差。后来,科学家们用石英晶体代替LC振荡器,就大大提高了频率稳定性。石英为规则的六边形晶体,在石英晶体上按一定方位切割下的薄片叫作石英晶片。石英晶片有一个奇妙的特性:若晶片上加以机械力,在相应的方向上就会产生电场,这种物理现象称为“压电效应”。在石英晶片的极板上接上交流电场,当外加交变电压的频率与石英晶片的固有频率相等时,就会产生共振,这种现象称为“压电共振”。利用这种稳定的振荡特性,人们就创造出了精度极高的电子表和石英钟。

电子手表出现在20世纪50年代,它经历了四代演变。

电子手表第一代叫摆动式(用电磁摆轮代替发条驱动)电子手表。这种表在1959年由瑞士开始研制,是利用生产摆轮游丝的成熟经验和精湛技术制成的。

第二代叫音叉电子手表。1960年,美国研制成音叉电子手表。它是电子

□液晶显示式电子手表

技术和精密机械加工结合的初步尝试。这种表的零件加工要求和装配调整工艺比机械表难度要大，所以还没有来得及推广就被迅速发展的第三代、第四代电子手表代替。

第三代叫指针式水晶电子表。水晶就是石英的俗称。1930年制成世界上第一台石英钟。60年代，半导体集成电路的发展，使水晶应用于手表工业成为可能。1969年，日本最早研制成石英电子手表。

第四代叫液晶显示式电子手表，也叫全电子表或固态表。20世纪70年代，瑞士、日本等国研制成液晶显示（表盘上直接显示数字）石英电子手表，它是全电子化的手表，无任何走动元件，内部运用集成电路，走时更为精确。这种表1973年投入市场。

液晶电子表工作原理介绍：

有方向器件：电解电容、二极管、三极管、蜂鸣器

机芯结构：电源（电池）部分、PCB、元器件、胶罩、五金片

检测要求：检测环境、设备、方法、精度、工作电流、静态电流、功能。（使用寿命）

生产流程：

PCB——COB——焊锡——测试——EL片——LCD——入罩——上板（上五金片）——测试——上电池——功能测试——贴电池贴纸。

使用液晶电子表的过程中会有一些常见故障：

白板：首先看电池是否有电，如无电，则更换电池；如有电，则将机芯AC点短路。电池有电，短路不好的，修理PCB。

断字（缺划）：如果是螺丝松动，打紧螺丝即可；如果是驳马条上有污物，重装去除污物即可；如果LCD或PCB损坏，则要更换以上元件。

按灯字闪或无字：如电池无电，则更换电池；如电池电压正常，按灯字闪，那么是因为亮灯干扰，就需要增加干扰电容。

山崎淑夫发明了第四代液晶电子手表。大学毕业后的山崎淑夫，进了日本一家名不见经传的精工制表公司。为了研制这种新手表，他一个人单枪匹马苦苦钻研，经常是在别人下班以后废寝忘食地反复试验。经历数百次的失败后，4年后的精工做出了第一块液晶显示电子手表样品。后来精工企业投入了巨资，打造出“精工表”品牌。1973年，精工制造开发出世界上第一块液晶显示式数字石英手表“精工石英06LC”。

事实证明，液晶电子表不仅以其精确、廉价、节电和款式多样化的优点广受青睐，而且还带动了手表行业的一场革命。精工表的利润迅速提升，其他日本厂家也纷起效仿。精工制造也是凭借了小小的电子表，一举赶上东芝和松下。

我们从山崎淑夫的成功中悟出了一个道理：世上无难事，关键是事在人为。一个人起初没有名气并不可怕，可怕的是自甘堕落，不思进取。“只要有不断创新的思想，脚踏实地不断努力，就能成功。”山崎淑夫以自己的切身体会启迪着后来人。

知识链接

液晶电子手表的特点

液晶显示式电子手表，也叫全电子表或固态表，以其精确、廉价、节电和款式多样的优点广受青睐。20世纪70年代，瑞士、日本等国研制成液晶显示（表盘上直接显示数字）石英电子手表，它是全电子化的手表，无任何走动元件，内部结构运用集成电路，走时更为精确。

环保太阳能台灯

科普档案 ●**产品名称:**太阳能台灯 ●**优点:**环保节能、低压无安全隐患

太阳能台灯是通过内部太阳能电池板吸收太阳能，并将其转换为电能，贮存在蓄电池内用于照明的新型工具。太阳能台灯的广泛推广使用顺应了清洁、环保的发展趋势。

太阳能台灯是通过太阳能电池板利用光照吸收太阳能将其转换为电能,并贮存在蓄电池内用来照明的新型台灯。当需要照明时,打开太阳能台灯的开关,就可用于照明。

太阳能台灯被大多数人喜爱和接受的原因,主要是这种台灯顺应了当前环保节能的潮流,方便了人们的生活。

太阳能台灯采用高亮度低功耗的高科技散光LED灯作为光源,起到了清洁环保超节能的作用。太阳能发电板或市电作为台灯的电源供应不但移动方便,而且几乎不耗市电。经气象部门不完全统计,平均一年当中晴天的天数占总天数的65%,这样的天气条件有利于台灯充电。人们在白天出门时将电池盒取出并放置在阳台上,傍晚回来再将电池盒插入台灯就可以供晚上使用了。在充裕的太阳下光照一天，台灯可以连续使用3.5个小时以上,完全满足用户的使用。靠太阳能来维持学习台灯的供电电源,且不使用国家电网的电来供电,这样就不存在用户额外支付电费。当没有阳光时,可以使用交流电供电。60颗高效散光LED灯才3.6W，却能等同于传统白炽灯45W的亮度,功耗很低。3.6W的耗电量,一般是带不动电表的,即使带动了电表,一整年使用交流电供电,一年产生的电费也就在6元之内,所以说太阳能台灯几乎不耗市电。

太阳能台灯还具有护眼和保健功能。想了解护眼和保健功能,就必须

先了解"频闪"和"电磁辐射"的含义以及对人体产生的危害。简单地说，直接使用交流电的光源必然存在频闪，发热量大的光源也必然存在热辐射。现在市场上众多的所谓"护眼"灯其实根本无法做到零频闪和零辐射，而本产品是使用低压直流供电，发热量极低（LED 是低功耗产品），即使台灯用交流电供电，也是使用了适配器，已经将交流电变成了直流低压电，所以真正做到了零频闪和零辐射，起到护眼和保健作用。

太阳能台灯带有充电功能，当用户用交流适配器供电时，一方面给 LED 点亮提供能源，另一方面如果电路板控制系统发现电池电压低时能够及时对内部镍氢电池充电，充满后自动停止（带负载充电一般 11 小时就能从无到满，如果电池有较多的余电，那么充电时间更短）。停电时内部电路会直接切到内部镍氢电池供电，电池充满情况下，高亮度点亮时间长达 7.5 小时。当连续停电无法实现交流充电，可以直接取出电池盒放置在太阳下暴晒一天，就可以让用户使用 1 天。现在电力紧缺，时常停电，给人们的生活带来诸多不便，尤其是夏天，特别容易停电。但外面阳光非常充裕，这样到了晚上，用户根本不用担心因为停电而误了学习、做作业或其他的事情。太阳能台灯可提供长时间的高效照明，它的使用寿命要比日光灯长 10 倍、比白炽灯长 100 倍。

安全性能好。台灯使用 9V 电压供电，使用时不存在误触灯头等造成伤害的问题。特别对好动的孩子，即使直接用手去触摸台灯内部的导线接头或金属片，也不会存在任何的触电事故，非常安全。

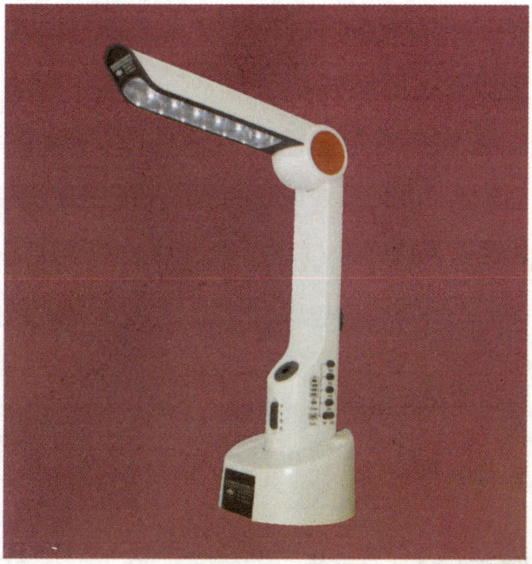

□环保太阳能台灯

台灯内部使用的是锂离子电池，符合国际环保公约要求，可以反复使用。

使用取之不尽、用之不竭的

清洁能源——太阳能，节能环保且无二次污染。

由于电池组件与灯体之间采用插卡式连接，电池组件可方便地从灯体上拔插，放置在太阳光下进行自动充电。充满后，可以直接放置在台灯底盘槽上，供台灯照明。

同时电池盒上有USB接口，可以直接为其他灯具供电和充电，真正做到一物多用。

太阳能台灯还具有外观新型，简洁时尚，经久耐用，质量可靠稳定，使用寿命较长等特点。

知识链接

太阳能台灯的优点

太阳能台灯是通过太阳能电池板利用光照，吸收太阳能将其转换为电能，并贮存在蓄电池内用于照明的工具。有节能省电的特点，并且适应清洁、环保的发展趋势。太阳能台灯携带方便，操作简单，是现代生活中理想的照明工具。

时尚的电子杂志

科普档案 ●**产品名称**：电子杂志 ●**优点**：内容丰富，多种感官体验

电子杂志，又称网络杂志。属于第三代新媒体载体，以 flash 为主要载体并独立于网站存在。电子杂志是一种非常好的媒体表现形式之一，它具备了平面与互联网两者的特点，且融入了图像、文字、声音、视频、游戏等元素。

近年来随着计算机事业的迅速发展，特别是计算机跨入多媒体世界后，陆续出现了许多种新型出版物，电子杂志就是其中一种。这种新型出版物就其内容而言，也具有一般杂志的属性，是有固定栏目内容、按顺序连续出版的刊物。但是，由于它赖以存在的载体发生了根本的变化，已不再是普通的凸版纸、胶版纸，而变成了容量巨大的磁盘或光盘，这就使得电子杂志与传统的杂志相比，具有无可比拟的优越性。

电子杂志是第三代新媒体，以 Flash 为主要载体独立于网站存在。兼具了平面与互联网两者的特点，把图像、文字、声音、视频、游戏等多种元素相互融合在一起，最后以动态的形式来呈现给读者。此外，还有超链接、及时互动等网络元素，是一种现代、时尚的阅读方式。电子杂志延展性强，未来还可能会移植到 PDA、MOBILE、MP4、PSP 及 TV(数字电视、机顶盒)等多种个人终端。

电子杂志由许多 Flash 动画组成，制作步骤十分复杂。在视觉上，它保留了平面杂志的目录，并用电脑技术、专业软件营造出翻页的逼真效果。但它比传统的杂志更有冲击力，视觉充满动感和层次感，翻阅时配有或酷或雅的背景音乐，可将读者的感官充分调动起来。除此之外，它还能与翻阅者进行充分的互动。通过动感画面的穿插，让观看者可以像玩游戏一样地看杂志，在轻轻的鼠标点击中颇有趣味地进行阅读，翻阅一本制作优美的"电

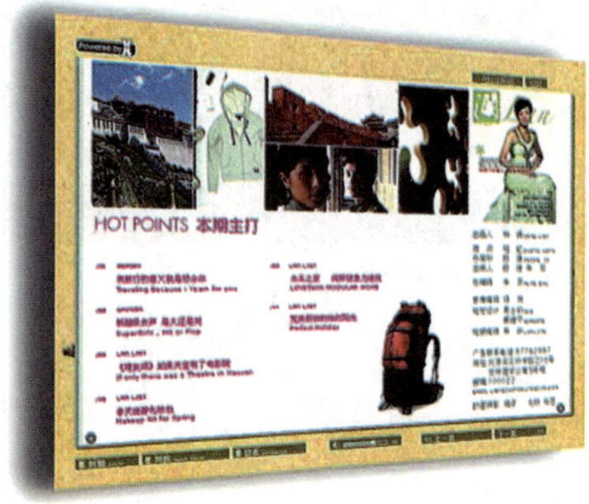

□电子杂志

子杂志”就是一种美妙的享受。更重要的是“电子杂志”是基于互联网、计算机进行传播阅读的数字化杂志，它彻底改变了传统杂志的阅读模式，可以在世界任意互联网终端，无数人对同一本杂志进行下载或者在线阅读，而不增加任何成本。

电子杂志作为新型的多媒体传媒载体有很多的优点：首先，电子杂志是机读杂志，它可以借助计算机惊人的运算速度和海量存储，极大地提高信息量；其次，在计算机特有的查询功能的帮助下，它使人们在信息的海洋中快速找寻所需内容成为可能；再者，电子杂志的表现形式是声、图、像并茂，人们不仅可以看到文字、图片，还可以听到各种音效，看到活动的图像。

电子杂志中极其方便的电子索引、随机注释，更使得电子杂志具有信息时代的特征。

电子杂志读者群虽越来越广泛，但是大部分广告商还处于观望的阶段，虽然已经有第一个吃螃蟹的，但是大部分还需要时间来真正接受和参与其中。应该说是读者群先行了一步，而广告商还在后面看着，尚未迈步。这个市场需要时间才能逐步成熟起来，市场还是初级阶段。

随着网络技术的发展，地址分配的标准化等问题将得到解决，更多的可供选择的电子杂志的发行方式将应运而生。同时，网络速度的大大提高使得电子杂志的可获得性和数据的可靠性大大提高。网络通信费用的不断下降也将为电子杂志的扩大发行等带来新的机会。

电子杂志的内部特征将日益丰富。更多、更便利的输出格式将满足读者的各种需求；更多、更富于创造性的版面设计将层出不穷；各种链接的应用将异彩纷呈。一方面使得读者在杂志内部的“航行”游刃有余；另一方面，也使得电子杂志的内涵大大地超过了杂志本身，而成为相关知识和信息的一个几乎可以无限延伸的集合体。读者可以通过一本杂志或一篇文章所包含的链接“走向”相关的文章、杂志、著作、书目/索引数据库、WWW站点以及作者的电子邮箱。

值得一提的是，电子杂志在各种传媒系统(如电视系统)和计算机网络中的出现已经打破了以往的发行、传播形式，也打破了人们传统的时、空观念，它将会更加贴近人们的生活，更加密切人与人之间思想、感情的交流，更好地满足新时代人们对文化生活的更高要求。

知识链接

电子杂志的优势与困境

优势：运算、查找速度快，存储的信息量大，声、图、像并茂，多种感官同时感受。

困境：由于两大主要上网人群（在校学生与企业白领）在网络访问关注点上的不同，导致电子杂志的用户定位出现新的难题。电子杂志的运营主要靠网络广告的收入来实现，可只靠投放广告效果很难保障。

LED 照明技术的应用

科普档案 ●**科技名称:**发光二极管 ●**优点:**新型节能装置、低碳、环保

在全球能源资源紧缺的今天，如何节能环保是我们将长期面临的一个重大问题。各个领域都加紧研发节能产品，以求吸引人们的目光。在照明领域，LED 作为一种新型的绿色光源产品，当然受到人们的喜爱。我们已经进入以 LED 为代表的新型照明光源时代。

LED(Lighting Emitting Diode)即发光二极管，是一种半导体固体发光器件。人们通常说的半导体照明一般是指用 LED 作为光源的照明，它是利用固体半导体芯片作为发光材料，在半导体中通过载流子发生复合，放出过剩的能量而引起光子发射，直接发出红、黄、蓝、绿、青、橙、紫、白色的光。LED 照明产品就是利用 LED 作为光源制造出来的照明器具。

LED 被称为第四代照明光源或绿色光源，具有节能、环保、寿命长、体积小等特点，可以广泛应用于各种指示、显示、装饰、背光源、普通照明和城市夜景等领域。从广义上讲还应该包括 LD(激光二极管)作为光源的照明，LD 可以用于舞台灯光，大型室外集会、庆典、娱乐和远距离照明等。

LED 照明光源目前是很理想的照明工具，具有多种优点：

高节能。节能能源无污染即为环保。直流驱动、超低功耗（单管 0.03~0.06 瓦）电光功率转换接近 100%，相同照明效果比传统光源节能 80%以上。

寿命长。LED 光源有人称它为长寿灯，意为永不熄灭的灯。固体冷光源，环氧树脂封装，灯体内也没有松动的部分，不存在灯丝发光易烧、热沉积、光衰等缺点，使用寿命可达 6 万到 10 万小时，比传统光源寿命长 10 倍以上。

多变幻。LED 光源可利用红、绿、蓝三基色原理，在计算机技术控制下

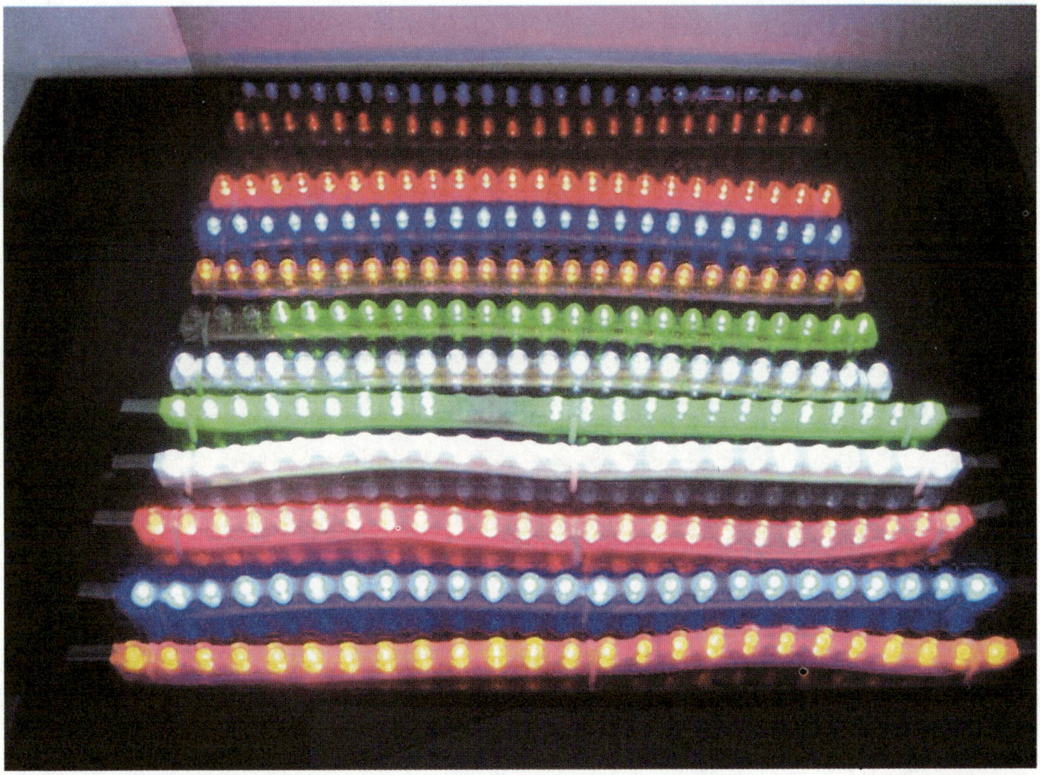

□LED照明灯

使三种颜色具有256级灰度并任意混合，即可产生256×256×256=16777216种颜色，形成不同光色的组合，变化多端，可实现丰富多彩的动态变化效果及多种图像的合成。

利环保。光谱中没有紫外线和红外线，环保效益更佳；既没有热量，也没有辐射，眩光小；废弃物可回收，没有污染不含汞元素；冷光源，可以安全触摸，属于典型的绿色照明光源。

高新尖。与传统光源单调的发光效果相比，LED光源是低压微电子产品，成功融合了计算机技术、网络通信技术、图像处理技术、嵌入式控制技术等，所以亦是数字信息化产品，是半导体光电器件“高新尖”技术，具有在线编程、无限升级、灵活多变的特点。

这种照明虽然原理简单，技术不太复杂，可在应用中仍存在着一些缺点：

会因温度升高而产生光强衰减。LED实际是个半导体PN结，其正向导通电压虽然都在一个范围内，但却因生产厂家、设备型号、进货批次的不同而相异，这种情况极易导致相当一部分LED不能在正常工作点上工作。

单个LED功率低。为了获得大功率，需要多个并联使用，如汽车尾灯。单个大功率LED价格很贵，现阶段LED价格较之于白炽灯价格要贵几倍、十几倍甚至几十倍。

显色指数低。在LED照射下显示的颜色没有白炽灯真实。

从全球来看，半导体照明产业已形成以北美洲、亚洲、欧洲三大区域为主导的三足鼎立的产业分布与竞争格局。随着市场的快速发展，美国、日本、欧洲各主要厂商纷纷扩产，加快抢占市场份额。根据目前全球LED产业发展情况，预计LED照明将使全球照明用电减少一半，2007年起，澳大利亚、加拿大、美国、欧盟、日本及中国台湾等国家和地区已陆续宣布将逐步淘汰白炽灯，发展LED照明成为全球产业的焦点。

中国LED产业起步于20世纪70年代。经过30多年的发展，中国LED产业已初步形成了包括LED外延片的生产、LED芯片的制备、LED芯片的封装以及LED产品应用在内的较为完整的产业链。在“国家半导体照明工程”的推动下，形成了上海、大连、南昌、厦门、深圳、扬州和石家庄七个国家半导体照明工程产业化基地，长三角、珠三角、闽三角以及北方地区则成为中国LED产业发展的聚集地。

目前，中国半导体照明产业发展良好，外延芯片企业的发展尤其迅速，封装企业规模继续保持较快增长，照明应用取得较大进展。2007年中国LED应用产品产值已超过300亿元，已成为LED全彩显示屏、太阳能LED、景观照明等应用产品世界最大的生产和出口国，新兴的半导体照明产业正在形成。国内在照明领域已经形成一定特色，其中户外照明发展最快，已有上百家LED路灯企业，并建设了几十条示范道路，但国内在大尺寸LED背光和汽车前照灯方面仍显落后。

2008年北京奥运会对LED照明的集中展示让人们对LED有了全新的认识，这有力推动了中国半导体照明产业的发展。当前中国半导体产业大而不强，核心竞争力仍有待于进一步提升。对国内企业而言，壮大规模、提高产品质量与技术水平是首要任务，然后逐步通过研发突破核心专利。

从产业发展前景和趋势来看，LED照明因其环保、节能、低碳受到重视，半导体照明的应用日益广泛，国内外大批厂商竞相投入这一新兴产业领域。

知识链接

LED照明的发展前景

从全球来看，发展LED照明成为整个产业的焦点。无论中国还是外国，半导体照明产业发展良好，外延芯片企业的发展尤其迅速，封装企业规模继续保持较快增长，照明应用取得较大进展。LED因其环保、节能、低碳受到越来越多的重视，半导体照明的应用将会更加广泛和普遍。

数字机顶盒的广泛应用

科普档案 ●**产品名称:**数字式机顶盒 ●**优点:**通过网络连接实现多功能服务

数字机顶盒,通常称作机顶盒,是一个连接电视机与外部信号源的电子设备。它可以将数字信号转成电视内容,并在电视机上显示出来,用户可以在电视机上观看数字电视节目,还可以通过网络连接实现互动式数字化娱乐、教育和商业化活动。

机顶盒,简称STB,是指用来增强或扩展电视机功能的一种信息设备,由于人们通常将它放在电视机的上面,所以又被称为机顶盒或顶置盒。数字电视机顶置盒是将数字电视信号转换成模拟信号的设备,能向电视用户提供高质量的电视节目。数字信号通过有线电缆、卫星天线、宽带网络以及地面广播来传送。传送的内容除了模拟电视可以提供的图像、声音之外,还有数据内容,包括电子节目指南、互联网网页、商业广告等。机顶盒分为模拟型和数字型,我们平常所指的机顶盒就是数字机顶盒。

数字机顶盒主要是用来接收数字电视广播节目,其他多媒体所具有的功能也可以在机顶盒上实现:一、电子节目指南(EPG)。用户通过该功能可以看到一个电视节目单,包括所有频道上近期将播放的节目。二、高速数据广播。能给用户提供及时的股市行情、票务信息、电子报纸、购物网站等消息。三、互联网接入和电子邮件。机顶盒能提供各种接口与互联网连接,然后通过机顶盒内置的浏览器上网,发送电子邮件。

数字电视机顶盒的构成主要包括硬件和软件两大部分。硬件由主芯片、内存、调制解调器、回传通道、智能卡接口、外部存储控制器以及视音频输出等构成。

调制解调器部分的作用是将传输过来的调制数字信号解调还原成传输流,在电视机上显示。

主芯片。主芯片的作用是根据传输流所传递的信息对接收到的传输流进行解复，再根据CA智能卡所传递的解扰信息对节目流进行解扰，送到视音频解码器中对其进行解码，再还原成AV信号进行输出。另外，主芯片中的CPU和图形管理器，使机顶盒可以完成更多的功能，如股票接收、网页浏览等。

内存。机顶盒同PC机在内存方面有很多相似之处。机顶盒内存主要分为Flash内存和SDRAM内存。Flash用来存储机顶盒的系统软件、驱动软件、应用程序以及一些用户信息，如果系统断电，内容还能自动保留，同时Flash可以通过在线的方式自动更新，达到机顶盒软件升级。SDRAM是用来存储应用数据。机顶盒的许多功能都需要内存来实现，如图形处理、视音频解码和解复用等。

□高清双向有线数字机顶盒内部构造

外部存储设备。外部存储设备一般指外挂式硬盘、大容量的硬盘，主要用于存储节目。

回传通信接口。随着机顶盒应用功能的拓展，用户对机顶盒的需求已经不是简单地停留在收看视音频节目上了，机顶盒中的这种回传设备，包括网络适配器、调制解调器等通信接口，满足了用户交互式的多方面需求。

其他设备接口。新技术的发展不断地增加了机顶盒的物理接口，如RS232接口、红外遥控器接口、无线键盘接口、Wi-Fi接口等，使STB可以连接摄像机、DVD、PDA等众多外接设备。

机顶盒除了要具有良好的硬件平台，还需要搭配不同的软件系统才能实现其各种功能。机顶盒中的软件系统分成三个层：应用层、中间解释层和驱动层，每一层都包含了许多的程序或接口。

驱动层包括机顶盒硬件的驱动程序和API接口，它主要用于对硬件设备的操作和控制。

中间解释层。中间解释层将STB的应用程序指令翻译成CPU能识别

□数字机顶盒

的指令，通过驱动层去调动硬件设备完成相应的操作。该层包括嵌入式操作系统、中间件、CA驻留软件等。

应用层。应用层可以分成驻留应用程序和可下载应用程序两部分。截止到2008年11月，国内机顶盒中的应用较少，主要以EPG、数据广播、股票、简单的游戏下载等为主，而数字机顶盒真正的魅力在于这种基于数字电视平台的业务应用，这些应用将会改善人们的生活。

数字机顶盒不仅是用户个人终端还是网络信息终端，它能接入互联网，使模拟电视机从被动接收转向交互式数字电视（如视频点播等），使用户享受多媒体立体互动式的信息服务。总之，机顶盒作为数字电视标志性的产品，发展空间必然广阔。随着数字电视的推广应用、芯片技术和软件技术的发展，STB的功能也将越来越强大，满足不同人群的需求。

数字机顶盒的出现，其实是由模拟电视向数字电视转变的关键一步，它才是真正的“调和器”。数字电视是电视技术的一次革命，全球广播电视行业正在逐渐从模拟向数字化过渡，一些国家明确规定了转换时间表和产品配套时间表。数字电视与模拟电视相比，图像分辨率更高，音质更好，感染力更强。

经过30多年的发展，我国已经拥有庞大的电视产业和众多彩电企业，已经形成了完整的彩电工业体系。2007年我国生产彩电8400万台，出口4800万台，占全球产量约42%。当前，随着数字技术和平板液晶显示技术的不断成熟，以数字化、平板化为标志的新型数字化电视机产业工程已经全面启动。

2003年9月，在国家数字电视领导小组的统一领导下，中国工程院组织清华大学、上海交通大学、广播科学研究院等11家高校和研究单位成立了数字电视联合开发组，在经过知识产权评估、系统样机测试、关键技术改进、融合方案确定和标准提案起草等阶段后，提出了数字电视地面传输标准方案。

2006年8月18日，国家标准委颁布了数字电视地面广播传输国家强制性标准（GB20600–2006），标志着我国数字电视发展进入一个崭新的阶段。标准作为国家经济政策的重要组成部分和知识产权的集中体现，对提高产业核心竞争力、保护产业稳定健康快速发展具有积极作用，地面广播标准在数字电视标准体系中难度最大、技术水平最高、涉及的知识产权最多。

知识链接

人们对数字机顶盒的认识误区

有些人认为机顶盒就是电视机上网的一种工具，这是一种对机顶盒认识上普遍的误区。实际上，在普及数字电视机的今天，数字机顶盒只是宽带综合信息网的一个组成部分，它的功能将来也不仅仅体现在数字电视机的使用上面。随着数字技术、多媒体技术和网络技术的发展，大多数用户将在普通模拟电视机上安装机顶盒来实现各种功能。

电子网上银行

科普档案 ●**科技名称:**电子网上银行 ●**优点:**利用科技手段提供金融服务

电子网上银行是指银行借助个人电脑或其他智能设备，通过互联网技术或其他公用信息网，为客户提供多种金融服务的机构。

网上银行业务是指银行借助个人电脑或其他智能设备,通过互联网技术或其他公用信息网,为客户提供多种金融服务的机构。网上银行业务不仅涵盖传统银行业务,而且突破了银行经营的行业界限,深入到证券、保险甚至是商业流通等领域。网上银行代表了未来银行业的方向,网上银行业务的迅速发展必将推动银行业新的革命。

1995 年 10 月美国成立第一家电子网上银行——安全第一网络银行,从此网上银行业务在世界各国开始发展。到目前,全球能提供网上银行服务的银行、储货机构已达 5000 家以上。

目前,西方商业银行的电子网上银行业务一般为三类。

第一类是信息服务。

主要是银行向客户宣传银行所提供的产品和服务,包括存贷款利率、外汇牌价查询和投资理财咨询等。这是银行通过互联网系统提供的最基本的服务,这种服务一般由银行一个独立的服务器提供,这类业务的服务器与银行内部网络无链接,风险较低。

第二类是客户交流服务。

包括电子邮件、账户查询、贷款申请、档案资料(如住址、姓名等)定期更新。该类服务使银行内部网络系统与客户之间保持一定的链接,银行必须采取合适的控制手段,监测和防止黑客入侵银行内部网络系统。

第三类是交易服务。

包括个人业务和公司业务两类，这是网上银行业务的主体。个人业务包括转账、汇款、代缴费用、按揭贷款、证券买卖和外汇买卖等。公司业务包括结算业务、信贷业务、国际业务和投资银行业务等。银行交易服务系统服务器与银行内部网络直接相连，无论从业务本身或是网络系统安全角度均存在较大风险。

□网上银行

与传统银行业务相比，电子网上银行业务有许多优势：

一是大大降低银行经营成本,有效提高银行盈利能力。

开办电子网上银行业务,主要利用公共网络资源,无须设置物理的分支机构或营业网点,减少了人员费用,提高了银行后台系统的效率。

二是无时空限制,有利于扩大客户群体。

电子网上银行业务打破了传统银行业务的地域、时间限制,具有3A特点,即能在任何时候(Anytime)、任何地方(Anywhere)、以任何方式(Anyhow)为客户提供金融服务,这既有利于吸引和保留优质客户,又能主动扩大客户群,开辟新的利润来源。

三是有利于服务创新,向客户提供多种类、个性化服务。

由于银行一般的营业网点难以为客户提供详细的、低成本的信息咨询服务,所以通过银行营业网点销售保险、证券和基金等金融产品往往会受到很大制约。利用互联网和银行支付系统,容易满足客户咨询、购买和交易多种金融产品的需求。客户除办理银行业务外,还可以很方便地进行网上买卖股票债券等,网上银行能够为客户提供更加合适的个性化金融服务。

由于其特定的运作方式和网络环境,网上银行在给人们带来极大便利的同时,也具有一定的风险。网上银行业务主要存在两类风险:一类是系统安全风险,主要是数据传输风险、应用系统设计的缺陷、计算机病毒攻击等，如果防范不严，可能造成银行资料泄露、威胁用户资金安全的严重后果。另一类是传统银行业务所固有的风险，如信用风险、利率和汇率风险、操作风险等，但这些风险又具有新的内涵。由于银行与客户不直接见面、客户分散、业务区域跨度大、市场变化快等原因，银行难以准确判断客户的信誉状况、抵押品价值变化。同时，网上银行业务在许多方面突破了传统的法律框架，这也给网上银行业务运营和监管带来一些体制性障碍。为有效防范风险，确保网上银行业务运作的安全性，必须加强对网上银行的监督与管理。

随着电子网上银行业务的快速发展，对电子网上银行的监管开始受到许多国家的重视。它们十分重视制定比较完整的法律框架和监管规则，包括修改原有规则和出台新的规则等。其主要内容包括以下几项：

(一)网上银行的市场准入

一般对现有银行机构开展网上银行业务无须进行审批，但对设立独立的网上银行法人机构则要严格审批，批准后单独发给其营业执照。批设网上银行时，尤其重视对安全机制和风险控制的审查。申请者必须提交由独立专家提供的安全评估报告，提交详细的风险识别、判定、监控和处理计划和措施。

(二)网上银行的业务范围

主要是审批网上银行业务范围及竞争方式，即审批是否允许纯网上银行建立分支或代理机构，是否允许网上银行从事网络接入与数据处理服务和一般商业贸易服务等非金融业务等。

(三)对网上银行的日常检查

对网上银行，除实施传统银行业务所必需的检查外，还需进行交易系统安全性、客户资料保密与隐私权保护、电子记录准确性和完整性等方面的专门检查。

(四)银行客户权益保护、法律界定和国际协调

主要涉及网络银行通过电子手段向客户披露、传递业务信息的标准与合法性；电子信息保存标准与安全性；隐私权保护；纠纷处理程序；对洗钱、

欺诈等非法活动实施电子跟踪、报告的合法性；对已加密金融信息的解密权限与范围；对跨国界的网上银行业务和客户延伸所引发的监管规则冲突的协商与调整；等等。

知识链接

网上银行发展前景

网上银行业务主要利用公共网络资源，减少了人员费用，提高了银行后台系统的效率；无时空限制，有利于扩大客户群体；打破了传统银行业务的地域、时间限制，既有利于吸引和保留优质客户，又能主动扩大客户群，开辟新的利润来源；有利于服务创新，向客户提供多种类、个性化服务。

威胁环境的电子垃圾

科普档案 ●**科技名称**:电子垃圾 ●**危害**:有毒物质污染环境,危害健康

电子垃圾,电子废弃物的俗称,指被废弃不再使用的电子设备,主要包括电冰箱、空调、洗衣机、电视机等家用电器和计算机等通讯电子产品的淘汰品。在一些发展中国家,电子垃圾的现象十分严重,造成的环境污染威胁着当地居民的身体健康。

电子垃圾,是指那些人们丢弃的,不再使用的电子设备硬件,目前没有明确技术标准来界定。笼统地说,已经废弃的或者不能再使用的电子产品都属于电子垃圾,例如报废的电视机,淘汰的旧计算机、旧冰箱、微波炉,废弃的手机等。

这些废弃的电子产品对环境有一定的危害,数量越来越多的时候,危

□电子垃圾

害会更明显，特别是电视、计算机、手机、音响等产品，含有大量的有毒有害物质。

这些有害物质包括环氧树脂、玻璃钢、多氯联苯（PCBs）、聚氯乙烯（PVC）、热固性塑料、铅、锡、铜、硅、铍、碳、铁和铝元素。被较少量发现的元素包括镉、汞和铊元素，极微量的元素包括镅、锑、砷、钡、铋、硼、钴、铕、镓、锗、金、铟、锂、锰、镍、铌、钯、铂、铑、钌、硒、银、钽、铽、钍、钛、钒、钇等。

现在电子垃圾成为困扰全球环境的大问题。特别是在发达国家，由于电子产品更新换代速度快，电子垃圾的产生速度更快。2010 年 2 月，联合国环境规划署发表一份报告称，全球各类电子垃圾正以每年约 4000 万吨的数量增长。法国每年产生 170 万至 200 万吨电子垃圾，其中一半来自家庭，相当于平均每人每年产生约 15 千克电子垃圾，而妥善回收处理的电子垃圾仅为平均每人每年 2 千克。德国每年产生电子垃圾 180 万吨，整个欧洲约 600 万吨。美国更惊人，仅淘汰的计算机很快将达到 3 亿至 6 亿台。

从 2002 年开始，中国进入电子产品的报废高峰期，其后电子垃圾产生

□废弃的手机

量与日俱增。据资料称,中国作为全球第二大电子垃圾产生国,每年产生超100万吨电子垃圾。

2012年2月10日,联合国环境规划署"巴塞尔公约"秘书处在日内瓦发布最新调查报告警告,非洲国家所面临的电子垃圾问题正变得越来越严重,该报告是在对西非5个国家电子垃圾问题进行为期两年的追踪调查后完成的。报告说,发达国家向非洲国家倾倒电子垃圾是造成这一问题的长期原因。调查发现,2009年加纳进口的电子电器设备中有70%都是旧货,其中有一半因无法继续使用而成为电子垃圾;尼日利亚2010年进口的电子电器旧货中,85%来自欧洲。

废旧家用电器中主要含有六种有害物质:铅、镉、汞、六价铬、聚氯乙烯塑料、溴化阻燃剂。电视机阴极射线管、印刷电路板上的焊锡和塑料外壳等都是有毒物质。制造一台计算机需要700多种化学原料,其中含有300多种对人类有害的化学物质。一台计算机显示器中铅含量平均达1千克多。铅元素可破坏人的神经、血液系统和肾脏。

计算机的电池和开关含有铬化物和水银,铬化物透过皮肤,经细胞渗透,可引发哮喘;水银则会破坏脑部神经。机箱和磁盘驱动器中的铬、汞等元素对人体细胞的DNA和脑组织有巨大的破坏作用。如果将这些电子垃圾随意丢弃或掩埋,大量有害物质渗入地下,造成地下水严重污染;如果进行焚烧,会释放大量有毒气体,造成空气污染。

中国的电子垃圾处理处于内忧外患的局面,不仅自身每年产生大量的电子垃圾,而且还遭遇国外电子垃圾的侵入。随着欧洲环保法令的日益严厉,中国正迅速成为电子垃圾的主要"出口国"和避风港。作为世界最大的电子垃圾进口国,世界上有80%的电子垃圾被运往亚洲,而中国就接纳了这80%中的90%,广东的贵屿镇是中国民间电子垃圾最为集中的地区。

目前电子垃圾的循环利用行业正逐步兴起,也许能在一定程度上减少电子垃圾的危害。在发达国家,电子垃圾的循环利用已经得到了迅速的发展。这个产业的进展涉及了企业从能源密集型下降性循环到电子垃圾回收循环产业的转变,通过重新利用和加工达到预期的目的。电子垃圾的回收循环利用在环保、社会方面有诸多益处。例如：降低对新产品、新的原材料的需求；减少生产所需的水和电力资源；降低包装所需的成本；使资源在社会的分配更为合理；以及减少对垃圾场的使用。一些视听产品，如电视机、录像带、磁带和一些手持设备、计算机组件含有一些可以召回的有价值但是同时又有害的成分，包括铅、铜、金等。如何更环保地从电子垃圾中回收利用印制电路板，以及如何有效彻底处理有毒物质，是科学家仍在研究的问题。

美国在20世纪90年代初就对废旧家电的处理制定了一些强制性的条例。当局通过干预各级政府的购买行为，确保有再生成分的产品在政府采购中占据优先地位，以此推动包括废旧家电在内的废弃物的回收利用。如新泽西州和宾夕法尼亚州，通过征收填埋和焚烧税来促进有关企业回收利用废弃物。收取填埋和焚烧税使本来最便宜的垃圾处理途径的价格趋于上涨，从而大大增加了废旧家电回收利用的吸引力。马萨诸塞州则禁止私人向填埋场或焚烧炉扔弃计算机显示器、电视机和其他电子产品。

德国通过各种途径为民众进行废旧电器的回收提供方便，保障废旧电器的回收途径通畅，负责回收旧电器的机构都是各市区直属的市政企业。根据谁污染谁负责的原则要求，制造商对电子垃圾负有主要责任，另外进口商、消费者也负有相应的责任。

日本在2000年制定了《家用电器回收法》，并从2001年4月1日开始实施。根据这项法律，家电生产企业必须承担回收和利用废弃家电的义务。家电销售商有回收废弃家电并将其送交生产企业再利用的义务。消费者也有承担家电处理、再利用的部分义务。与其他国家处理电子垃圾的方法相比，他们在立法、技术开发和政策支持等方面值得借鉴。

法国政府于2005年启用全国性的电子垃圾回收办法。电子垃圾回收遵循“谁生产、谁销售、谁使用，谁就负担相关环保费用”的权利与义务对等原则。根据该法令，自2005年8月13日起，从计算机、电视、冰箱、洗衣机到电话和电吹风机，所有新出厂的电器都将印有小垃圾桶标志，表示其生命完结之后可以回收再利用。电子产品生产商将作为回收主力，承担其产品未来的回收及循环再利用费用。

从《中华人民共和国环境保护法》算起，中国已有包括《固体废弃物污染防治法》《清洁生产促进法》等在内的10部固体废物污染治理方面的法律法规。2008年2月1日，中国实施了《电子废物污染环境防治管理办法》，规定家电的生产者将承担废旧家电回收的责任，否则最高将被处以10万元罚款。

知识链接

电子垃圾提金技术

电子垃圾提金技术是指从废旧电子元件中回收金的技术。稀贵金属化冶厂使用 $NaCN-H_2O$ 体系，溶蚀废旧元器件上的金镀层，用铁置换或用亚硫酸钠还原回收金。物资再生利用研究机构还研究出一种电解退金的新工艺：用硫脲和亚硫酸钠作电解液，石墨作阴极板，镀金废料作为阳极进行电解退金。通过电解，镀层上的金被阳极氧化为 Au^+ 后与硫脲形成铬阳离子 $Au[cs(NH_2)]^{2+}$，随即被亚硫酸钠还原为金，沉于槽底，将含金沉淀物分离提纯获得纯金粉。此工艺金的回收率为97%～98%，产品金纯度>99.95%。

鼠标的发明

科普档案 ●**科技名称:**鼠标器 ●**特点:**操作方便,快速发送指令,功能多样化

鼠标是计算机输入设备的简称，分有线和无线两种。从最早的物理鼠标到如今的无线光电鼠标产生了质的飞跃，未来将向着多功能、多媒体、符合人体工程学的方向继续演变发展。

鼠标(港台作滑鼠)因形似老鼠而得名,它的全称是“鼠标器”,英文名“Mouse”,是一种计算机输入设备工具,分有线和无线两种,是计算机显示系统纵横坐标定位的指示器,使用鼠标可以让计算机的操作变得更方便。

随着 Windows 操作系统的不断发展,鼠标作为电脑一个外形微小而最不起眼的输入设备发挥着重要的作用,有时候它的重要程度甚至超过了键盘。经过几十年的发展,出现了光学式、光机式鼠标,轨迹球、特大轨迹球,以及笔记本电脑上的指点杆和手指感应式鼠标。与世界最早发明的第一款鼠标相比,如今的鼠标简直是质的飞跃,将来还会向着多功能、多媒体、符合人体工程学的方向继续发展。

鼠标按照接口类型分为串行鼠标、PS/2 鼠标、总线鼠标、USB 鼠标四种。串行鼠标有 9 针接口和 25 针接口两种，通过串行口连接计算机;PS/2 鼠标是通过一个 6 针微型 DIN 接口与计算机相连,它与键盘的接口非常相似;总线鼠标的接口在总线接口卡上;USB 鼠标通过一个 USB 接口,直接插在计算机的 USB 接口上使用。

鼠标按照其工作原理及其内部结构的不同可以分为机械式、光学式、光机式和光电式鼠标。

机械鼠标主要由滚球、辊柱和光栅信号传感器组成。鼠标被拖动时,带动滚球转动,滚球又带动辊柱转动,装在辊柱端部的光栅信号传感器产生

的光电脉冲信号反映出鼠标器的位移变化，再通过电脑程序的处理和转换来移动屏幕上光标箭头。

光机鼠标与机械式鼠标一样，有一个胶质的小滚球，不同的是光机鼠标有两个带有栅缝的光栅码盘，还增加了发光二极管和感光芯片。当鼠标移动时，滚球会带动两只光栅码盘转动，由于光栅码盘存在栅缝，二极管发射出的光便可透过栅缝直接照射在两颗感光芯片组成的检测头上。光信号被送入专门的控制芯片内运算生成对应的坐标偏移量，确定光标在屏幕上的位置。由于采用了非接触部件，大大降低了磨损率，提高了鼠标的寿命，增加了鼠标的精度。光机鼠标的外形与机械鼠标没有区别，但光机鼠标在精度、可靠性、反应灵敏度方面都大大超过机械鼠标，可以说，光机鼠标开启了真正的鼠标时代。但是长时间使用后，光机鼠标反应灵敏度和定位精度都会有所下降，耐用性不如其他鼠标。

光电鼠标是与光机鼠标几乎同时出现的，是一种完全没有机械结构的数字化鼠标。它没有传统的滚球、转轴等设计，其主要部件为两个发光二极管、感光芯片、控制芯片和一个带有网格的反射板(相当于专用的鼠标垫)。此种光电鼠标在精度指标上的确有所进步，光电鼠标将鼠标的精度提高到了全新的水平，充分满足专业应用的需求。但它仍有大量的缺陷。首先，光电鼠标必须依赖反射板，如果反射板弄脏或者磨损，光电鼠标便无法判断光标的位置所在，甚至整个鼠标会因此报废。其次光电鼠标的造价昂贵。

光学鼠标器是微软公司设计的一款高级鼠标。鼠标底部有一个小型感光头、一个发射红外线的发光管，发光管每秒钟向外发射1500次，然后感光头就将反射回馈给鼠标的定位系统实现定位。它既保留了光电鼠标

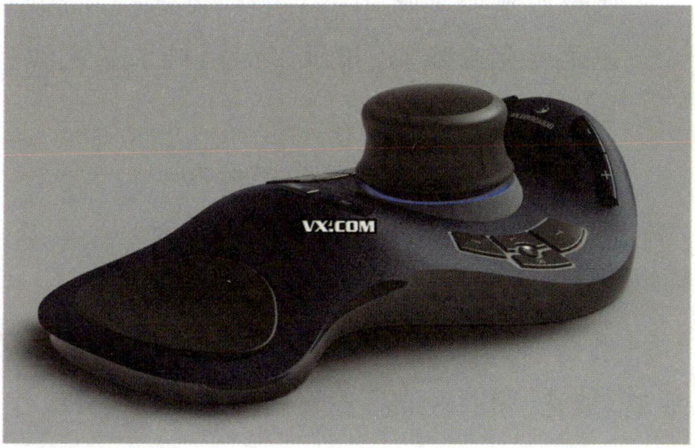

□3D鼠标

的高精度、无机械结构等优点，又具有较高可靠性和耐用性，并且无须清洁，一经推广就受到用户的高度赞扬。

另外，还有无线鼠标和3D鼠标，都是比较新颖的鼠标。

无线鼠标是专为大屏幕显示器生产的。这种鼠标没有电线连接，而是采用二节七号电池无线遥控，有自动休眠功能，接收范围在1.8米以内。

3D鼠标是一种新型的鼠标器，具有全方位立体控制能力。可以向前、后、左、右、上、下六个方向移动，还可以组合移动。外形和普通鼠标不同，由一个扇形的底座和一个能够活动的控制器构成。

尽管鼠标是频繁使用的工具，我们依然对鼠标了解不多，在选择鼠标的时候，主要参考以下几点：

一是质量是选择鼠标最重要的一点，无论它的功能有多强大、外形多漂亮，如果质量不好就不应该去选择。

二是如果只是做一些文字处理什么的，那么选择机械鼠标或是半光电鼠标就再合适不过了；如果你是个网虫，没日没夜地泡在网上，那么就买一只网鼠吧，它会令你在网上冲浪的时候感到非常方便；如果你经常用一些专门的设计软件，那么建议你买一只光电鼠标。

三是手感在选购鼠标中也很重要，有些鼠标看上去样子很难看，歪歪扭扭的，但不能光凭外表判断，其实这样的鼠标非常适合手形，握上去很舒服。

使用时应避免使用不正确的方法损坏鼠标：

一是避免在衣物、报纸、地毯、糙木等光洁度不高的表面使用鼠标。

二是禁止磕碰鼠标。

三是鼠标不宜放在盒中被移动。

四是禁止在高温强光下使用鼠标。

五是禁止将鼠标放入液体中。

平整、光滑、整洁的工作表面最适于鼠标的操作，应该在光滑的木板、玻璃、搪瓷、塑料制品、金属制品表面、纸面操作鼠标。

目前鼠标在国外有微软、罗技、戴尔、雷蛇等品牌，国内包括明基、双飞燕、雷柏、瑞马、DIGIBOY 数码神童、日海、多彩、新贵、华硕、爱国者、鲨鱼、紫光电子、杰雕、标王、森松尼等品牌供用户选择。

鼠标是在 20 世纪 80 年代后才得到广泛应用。1981 年，施乐对其 Alto 鼠标进行了升级，推出了集成图形用户界面的 8081 系统控制器 Star，它是首个推向商用市场的鼠标。

1983 年，苹果公司在推出的 Lisa 机型中也使用了鼠标，尽管 Lisa 机型并未获得多大的成功，但鼠标之于计算机的影响开始体现。微软在 Windows 3.1 中也对鼠标提供支持，而到了 Windows95 时代，鼠标已经成为电脑不可缺少的操作设备。在此之后，鼠标得到了迅速普及。

鼠标技术经历几次大变革，经受住市场考验的只有光机鼠标和光学鼠标，它们也是当前鼠标技术的主要代表。

知识链接

鼠标之父——道格拉斯·恩格尔巴特

道格拉斯·恩格尔巴特是电脑界的一位奇才，是“人机交互”领域里的大师，从 20 世纪 60 年代初期开始，他在人机交互方面做出了巨大的贡献。1968 年 12 月 9 日道格拉斯·恩格尔巴特与他的同事发明了世界上第一只“鼠标”，这个鼠标的结构较为简单，原始底部装有两个互相垂直的片状圆轮（非球形），每个圆轮分别带动一个机械变阻器，利用鼠标移动时引发电阻变化来实现光标的定位和控制。鼠标发明的最大意义在于，它使得计算机输入设备有了更多样的选择，并为操作系统采用图形界面技术奠定了基础。因此，道格拉斯·恩格尔巴特也被后人称为鼠标之父。

电子学科猜想

□锐意创新的电子工程

第3章

电子皮肤系统

科普档案 ●**科技名称:**电子皮肤 ●**优势:**用到人类皮肤移植,完善机器人触觉

电子皮肤是一种类似人类皮肤的系统。通过感知外界受力来向大脑传递触觉信号。这种系统如果运用到机器人制造领域，可以制造出更加智能的机器人。电子皮肤对临床人类皮肤移植也带来了福音。

电子皮肤,是一种像人类皮肤一样感知外部压力和传导触觉信号的系统。美国麻省理工学院的技术人员研发成一种电子皮肤,其结构简单,但技术关键点在于一种名为QCT的复合材料。其他类似的发明还有日本和飞利浦公司研制的电子皮肤。

美国麻省理工学院在实验室测试了这种电子皮肤，它几乎可以和人体皮肤一样感知不同的外部压力,以相同速度传导触觉信号。尽管电子皮肤仍存在一些设计障碍,与理想仍有差距,但足可以运用到机器人制造等领域。

机器人的制造过程中,电子皮肤起了很大的作用。机器人装卸货物时,由于它不能精准地感知到外力,所以在工作时经常出错,把货物弄坏。“托住一个裂开的鸡蛋而不捏碎它,几乎人人都能做”,美国加利福尼亚大学计算机科学助理教授阿里·贾韦说,但机器人肯定会直接弄碎。如果机器人换上了电子皮肤,那么它对外力的感应就会把握得十分准确,在工作中就不会无故弄坏货物。

这种电子皮肤由贾韦领导的科学团队制作。依照法新社描述,电子皮肤的基础体是一种聚合树脂制成的胶片,胶片表面有黏性,覆盖有发挥信号感知和传导作用的一种锗硅混合纳米线,而后在纳米线上安装纳米级传感器,再覆盖一种对压力敏感的橡胶。

先期制作并投入测试的电子皮肤面积只有49平方厘米，但它可以感知从0帕到15千帕的压强。诸如人类敲打键盘、托物体时皮肤感知的压强均在这一范围内。

贾韦领导的科学团队制作出的这种皮肤系统的关键点是名为QCT的复合材料。QCT是一种金属活性聚合材料，由金属或非金属碎料压制而成，这种材料能对微小的压力和触感进行测量并通过电阻值的变化反馈给电路，这就如同通过调光开关控制灯泡的亮度一样。由于QCT自身所具备的这种独特性能，它可被制作成各种形状和大小的压敏开关。通过丝网印刷后的QCT材料的厚度可薄至75微米。

QCT材料不但能感知物体的硬度还能监测到物体的硬度等级。此外，借助XY扫描技术，使用QCT技术的机器人还能获得不同区域（如前臂、肩部和躯干）的综合知觉信息。

QCT的运行功耗极低，整个系统无移动部件，可直接与物体接触而无须任何空气层。这使得其十分可靠，其可被一体化集成到超薄电子设备中，同时还具备极长的运行寿命。

QCT技术已先期在美国宇航局的Robonaut机器人项目上获得了应用，其先进的传感技术和机械臂在世界均属领先。研究人员下一步的目标是让机器人具有与人类更为接近的触觉并增强其与人类的互动能力。

由美国斯坦福大学华裔科学家鲍哲南领导的研究团队用另一种不同工艺也制造出一种人造皮肤，这种人造皮肤由覆盖传感器的一种特殊橡胶制成，这种橡胶在获得外部压力时可改变内部密度，从而传导不同的触觉信号。

爱尔兰都柏林三一学院纳米学科学家高度评价这两种电子皮肤，称它们是人造科学中的“重要里程碑”，解决了机器人触觉难关。

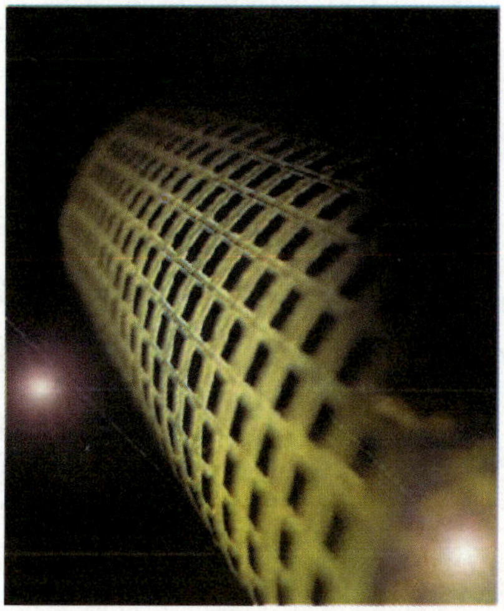

□压力感应电子皮肤

现阶段，机器人已经具备视觉和听觉，加上已经初步成型的触觉，机器人距离真正的人类感知力只剩下味觉和嗅觉两大障碍。

日本科学家发明的电子皮肤由橡胶、导电石墨和新型晶体管组成。

电子皮肤在橡胶聚合体里面加入电传感石墨薄片。当受到触碰的时候，它的电阻会发生变化，这些变化立即被藏在皮肤表层下面的一系列晶体管察觉到。

主要的困难在于让这个装置的反应变得像真人皮肤一样灵活，最终能够穿在机器人的手臂上。传统微型芯片的晶体管是由硅材料制成的，坚硬易碎，但是日本科学家使用一种叫作并五苯的柔软的有机材料代替制造晶体管，电子皮肤的传感器系统由32×32的软材料晶体管方阵组成，每个2.5平方毫米，科学家希望能够造出只有这个晶体管的1/100的晶体管出来。这种电子皮肤能够被大幅度弯折而不会破坏晶体管，甚至把它包在2毫米直径的棒上仍能继续工作。

日本科学家希望为他们的人造皮肤加上更多的功能，他们还想让它变得更有弹性。现在它们更像一张纸，能够弯折但没有弹性。

哈佛大学专门研究机器人触觉的罗伯特一豪认为这非常困难，他对电子皮肤的影响持保留意见，认为大多数类似的设计都没有走出实验室。

飞利浦研究实验室2009年底宣布他们已经完成一项新的技术E-skin（电子皮肤），主要用于产品的外观装饰。电子皮肤是飞利浦正在进行的电子纸研究的一部分，使用这项技术可以对各种产品覆盖一层“变色皮肤”。电子皮肤可以覆盖在各种设备上，不需要使用背光光源，它可以接受周围环境的光线来实现颜色适配和节能，在户外也能像油漆一样保持色彩明亮生动。这项新技术初期将用于手机、MP3等小型设备的外观装饰，未来有可能进行大面积使用，例如给整个房间安装电子壁纸。

电子皮肤的问世还是临床医学的福音。一些移植学人士看好这项技术，认为它今后可以运用于皮肤移植，或用于改进没有感知力的假肢。

美国斯坦福大学女科学家鲍哲南和她的研究团队又为这种超级皮肤增加了透明和可拉伸功能，为人造电子皮肤更接近人类皮肤富于重要意义。

斯坦福大学化学工程系副教授鲍哲南于2011年9月和她的博士生、研究生团队发明了一种可模拟人类皮肤的高灵敏度柔性塑料薄膜材料。这种材料由高灵敏的电子感应器组成，当无数的感应器连成一片时，就形成与人类皮肤相似的薄膜。这种电子皮肤可以感知一只蝴蝶停在上面的压力，可以被广泛用于假肢、机器人、手机和电脑的触摸式显示屏、汽车方向盘和医学等。2012年2月，鲍哲南团队再接再厉，创造性研制出世界最新的可拉伸太阳能电池，使电子皮肤可以实现自我发电。如今，鲍哲南团队又利用纳米材料为这种皮肤增加了透明和可拉伸功能，距离人类皮肤的功能越来越近。

鲍哲南表示，2011年发明的电子皮肤虽然可以很灵敏地检测到触觉，也可以弯曲，却没有拉伸的功能。弯曲多了还会裂开，原因就在于电极的拉伸性不理想。“我们将这种无机材料制成的电极更换为带有导电功能的碳纳米管，放在透明的衬底上。由于碳纳米管具有非常好的柔软性，可以拉伸两倍以上，回复原位形成小弹簧形状，还能保持非常高的导电率，同时具有透明度”。这种透明功能使得电子皮肤可以模仿人类不同肤色的皮肤。

也有科学家同时在研究人造电子皮肤的可拉伸性，但存在这样那样的问题。有的导电率高却因需加很多碳纳米管造成不透明，有的虽可以拉伸却降低很多导电率。把碳纳米管变成小弹簧克服了这些问题，既简单又可以得到非常好的性能，拉伸幅度最大，导电率最高，比较实用，可以做大面积的，也容易做。

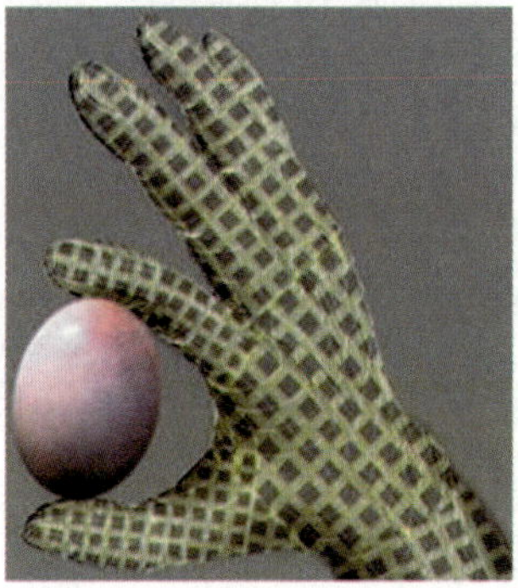

知识链接

电子皮肤的技术难点

目前发明的电子皮肤虽然有灵敏的触觉，可以适当弯曲，但弯曲次数多了则会裂开，而且不能任意拉伸，原因在于电极的拉伸性不理想。有的导电率高，但需加很多碳纳米管，结果造成皮肤不透明；有的虽可以拉伸，却降低导电率，感应差。

在临床的假肢移植过程中，电子皮肤对神经感应的灵敏度差，起不到实用的效果。

日本智能机器人

科普档案 ●**产品名称**:智能机器人 ●**优点**:代替人类工作,减少安全隐患

日本在机器人研发方面一直处于世界前列。日本发明的各种拟人机器人,相对解决了劳动力不足的问题,促进了自动化生产的发展,减少了人类生产过程中存在的安全隐患。

机器人,英文"Robot",是自动执行工作的一种机器装置。它既可以接受人类指挥,又可以运行预先编排的程序,也可以根据以人工智能技术制定的原则纲领行动。它的任务是协助或取代人类工作,如生产业、建筑业,或是危险的工作。机器人本体一般由执行机构、驱动装置、检测装置和控制系统和复杂机械等组成。

从全球来看,机器人产业开始发展的历史可追溯到20世纪60年代。1962年美国万能自动公司制造的"尤尼梅特"和美国机械与铸造公司生产的"沃萨特兰"机器人分别在全球率先投入使用。

当机器人最早投入使用的时候,人们就曾激烈讨论其性能到底如何。

如何去评价机器人的性能?其标准主要包括:智能,指感觉和感知,包括记忆、运算、比较、鉴别、判断、决策、学习和逻辑推理等;机能,指变通性、通用性或空间占有性等;物理能,指力、速度、可靠性、联用性和寿命等。因此,可以说机器人就是具有生物功能的实际空间运行工具,可以代替人类完成一些危险或难以进行的劳作、任务等。

随着机器人研制技术的日趋完善,机器人的性能也越来越优良。目前已经进入了智能机器人的时代。

智能型机器人是最复杂的机器人,也是人类最渴望能够早日制造出来的机器朋友。然而要制造出一台智能机器人并不容易,仅仅是让机器人模

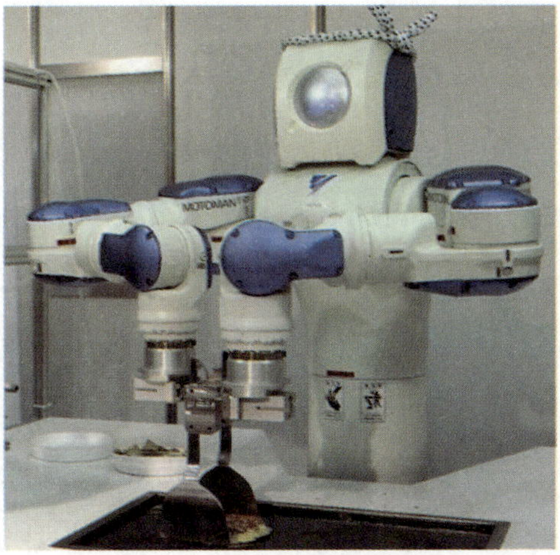
□日本研发的智能机器人会烙饼

拟人类的行走动作，科学家们就付出了数十甚至上百年的努力。

在智能机器人的研制方面，日本一直处于世界的前列。据统计，全世界投入使用的智能机器人大约有95万台，其中产自日本的就占了38%。

20世纪60年代后期，日本开始从美国引进机器人。当时日本正值经济高速增长时期，劳动力不足问题非常突出，同时，产业界对自动化的需求也很高，因此机器人得到了广泛的应用。而且，还有一个原因就是当时的工作环境条件差，存在多种安全隐患，威胁到了人们的自身安全，所以也需要大量的机器人。在这种情形下，日本在1969年成功自制出了第一台机器人，主要被用于提取和搬运重物。80年代后半期到90年代初的泡沫经济时期，机器人数量开始猛增，并广泛地被使用到多个领域。90年代开始，日本研制的机器人开始朝智能化、多元化发展，并用于服务业、制造业、高科技产业等诸多领域。

日本平均每年都要举办一次机器人展。每次展览，都会推出具有新的用途的机器人。

日本的智能机器人现在可做奔跑、跳跃的动作，甚至还可以翩翩起舞。2009年底在东京举行的一个国际机器人博览会上，索尼公司生产的4个Qrio机器人给观众展示了奔跑、跳跃等动作，在执行一段跳舞程序时，其中的一个摔倒了。巧的是，这一摔竟让人们看到了机器人灵巧程度的另一面：这个小家伙自己站起来继续演出，其身体完好无损。

日本大阪一家机器人制作公司曾经在一个展览上安排机器人登场露一手烹调手艺，引起了众多关注。主要是向观众展示只要有材料，机器人也确实能把面粉做成煎饼。展示开始后，机器人在碗中将材料调匀、倒在烧热的铁板上，煎好后把煎饼放在碟子中，还双手给客人端上，而且还会问客人要放什么酱料或什么辅料。

日本产业技术综合研究所(AIST)曾经成功研制出一个会说话，可行走而又具有丰富表情的新型“女性”机器人。在舞台上，该机器人还迈出猫步“秀”了一下。

这个名叫“HRP-4C”的机器人身高接近1.58米，重约43千克，身穿一套银白和黑色相间的太空服。它的身高和体重同日本普通女性基本相近。机器人“HRP-4C”全身共有30个马达来控制肢体移动，还可以做出喜、怒、哀、乐和惊讶的表情。此外，它还能够缓慢行走、眨眼睛和用细小的女性嗓音说“大家好”。不过，这种技术目前似乎还并不十分完善。在一场示范表演上，操作员在要求该机器人微笑或生气时，它却拒不理会并表现出无比惊讶的表情，而且嘴巴张得很大，眼睛也瞪得很圆。在另一场展会上，机器人“HRP-4C”也一直保持膝盖弯曲。研制人员表示，尽管在这个高仿真“女性”机器人腿上设有传感器，但它还缺乏真人所具备的平衡感。

知识链接

机器人的优点

使用机器人可解决人类劳动力不足的问题，促进自动化的发展。在危险工作环境下，机器人替代人类工作，可减少安全隐患。制造机器人的材料一般都比较坚固，所以在工作的时候，机器人比较耐用。

4G 通信技术

科普档案 ●**技术名称**:四代移动通信技术 ●**优点**:相比 3G 通信技术更加完美

4G 是第四代移动通信及其技术的简称，第四代无线技术的缩写，是继 3G 之后的另一个宽带移动通信阶段，集 3G 与 WLAN 于一体，并能够传输高质量视频图像的技术产品。

通信技术日新月异,给人们带来不少享受。随着数据通信与多媒体业务需求的发展,适应移动数据、移动计算及移动多媒体运作需要的移动通信开始兴起。

4G 通信将是一个比 3G 通信更完美的新无线世界。大家知道,所有技术的发展都不可能在一夜之间实现,GSM、GPRS 需要不断演进,而且这些

□4G通信技术

技术可以同时存在。我们都知道最早的移动通信电话采用模拟蜂窝通信技术，这种技术只能提供区域性话音业务，而且通话效果差、保密性能也不好，用户的接听范围也很有限。第二代GSM通信技术具有较强的保密性和抗干扰性，音质清晰，通话稳定，并具备容量大、频率资源利用率高、接口开放、功能强大等优点。但是由于没有统一的国际标准，各种移动通信系统彼此互不兼容，给手机用户带来诸多不便。

在新兴通信技术的不断推动之下，象征着3G通信的标志技术W-CDMA也成为通信技术的主流。W-CDMA通过有效的利用宽频带，不仅能顺畅的处理声音、图像数据，而且还可与互联网快速连接。

如果说2G、3G通信对于人类信息化的发展微不足道的话，那么未来的4G通信却带给我们真正的沟通自由，改变了我们的生活方式甚至社会形态。

4G通信具有下面的特征：

它具有更快的无线通信速度。第三代移动通信系统数据传输速率可达到2Mbps。第四代移动通信系统可以达到10Mbps至20Mbps，甚至最高可以达到高达100Mbps/m速度传输无线信息。

网络频谱更宽。估计每个4G信道将占有100MHz的频谱，相当于W-CDMA 3G网路的20倍。

通信更加灵活。4G通信将使我们不仅可以随时随地联系，更可以双向下载传递资料、图画、影像，当然更可以和从未谋面的陌生人在网上一起合作。也许你会担忧被网上定位系统永远锁定无处可逃，但是与它带来的便利和安全相比，这简直算不了什么。

□4G手机

智能性能更高。移动通信的智能性更高。4G手机将能根据环境、时间及其他设定的因素来适时地提醒手机的主人此

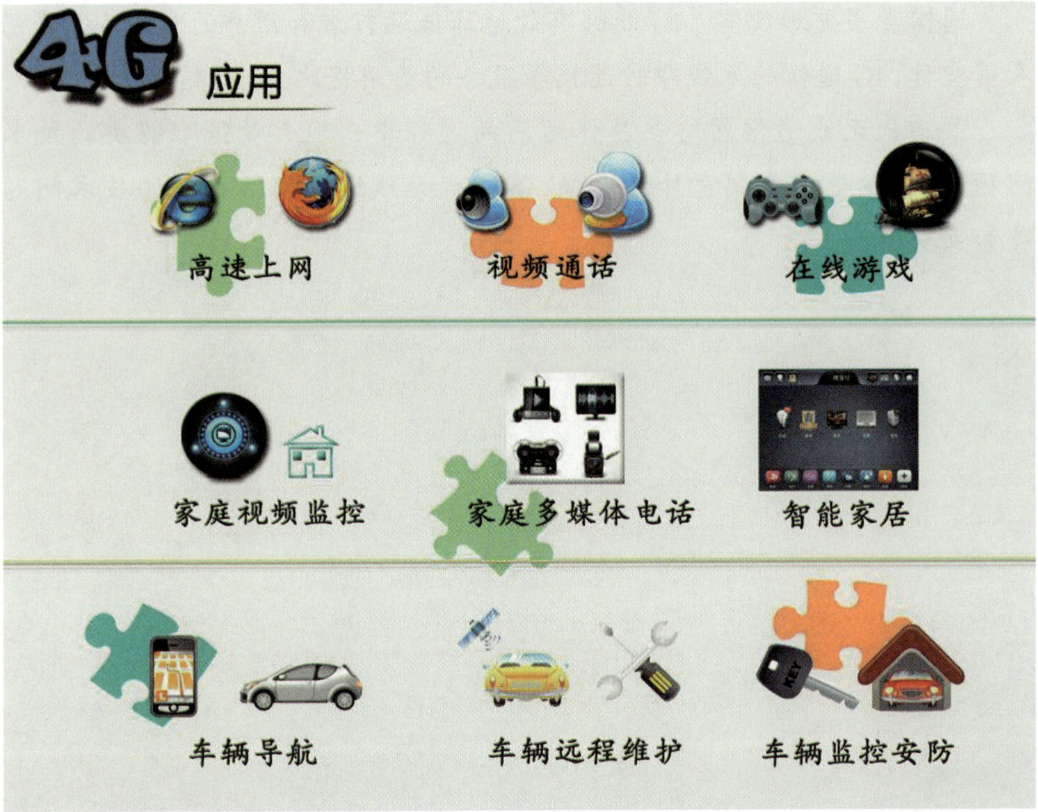

□4G通信技术的应用

时该做什么事或者不该做什么事。4G 手机可以将电影院票房资料直接下载到 PDA 之上，这些资料能够把目前的售票情况、座位情况显示得清清楚楚，大家可以根据这些信息在线购买自己满意的电影票。4G 手机可以被看作一台手提电脑，用来看体育比赛之类的各种现场直播。

兼容性能更平滑。4G 通信尽快地被人们接受，除考虑它的功能强大外，考虑到现有通信的基础，让更多的现有通信用户在投资最少的情况下就能很轻易地过渡到 4G 通信。因此，从这个角度来看，移动通信系统具备全球漫游，接口开放，能跟多种网络互联，终端多样化以及能从前几代平稳过渡等特点。

提供各种增值服务。利用这种技术人们可以实现例如无线区域环路(WLL)、数字音讯广播(DAB)等方面的无线通信增值服务。

通信费用更加便宜。4G能够有效地降低运行者和用户的费用。据研究人员宣称,4G通信的无线即时连接等服务的费用将比3G通信更加便宜。

第四代无线通信网络在具体运用的过程中出现大量很难解决的技术问题,人们丝毫不感到意外和奇怪,第四代无线通信网络存在的技术问题多和互联网有关。

知识链接

5G通信技术的研究现状

未来5G网络正朝着网络多元化、宽带化、综合化、智能化的方向发展。随着各种智能终端的普及，面向以后，移动数据流量将呈现爆炸式增长。在未来5G网络中，减小小区半径，增加低功率节点数量，是保证未来5G网络支持1000倍流量增长的核心技术之一。因此，超密集异构网络成为未来5G网络提高数据流量的关键技术。

可弯曲触摸屏款步走来

科普档案 ●**产品名称**：可弯曲触摸屏 ●**优点**：可弯曲、薄膜、环保节能

可弯曲触摸屏显示器是比液晶显示器更先进的一种显示器，它具有屏幕超薄、可以弯曲、省电、节能环保等优点，是未来发展的一种必然趋势。

可弯曲触摸屏显示器听起来好像来自科学幻想，但它确实将变成现实。你可以想象出可弯曲触摸屏诞生后，我们生活中许多的常用品，如智能手机、平板电脑或电子阅读器，将会进入一个新的时代。

显示屏作为一个显示设备，随着计算机的出现而出现。随着计算机的不断发展，显示屏也与时俱进。从大众消费者皆知的CRT时代，到如今的液晶时代，经历过许多次的技术革新。最终，液晶显示屏凭借良好的画质、超低的功耗以及不俗的便携性获得了当今消费者的一致认可。目前，液晶显示屏占据显示器的主导地位。同时，不少液晶显示器的热衷使用者假想，明天的显示器会是一种什么样子？在介绍将来的显示器之前，我们有必要先了解液晶显示器的发展。

有需求就有市场，同样市场又决定了需求，在这样相辅相成的循环关系下催生出不少显示器产品，如3D显示器、广视角显示器、广色域显示器、超高对比度等独具特色的液晶显示器，液晶显示器可谓红遍了各个领域。与此同时，显示器厂商又推出了不少跨界产品，如显示器自带音响、机身配备摄像头、繁杂众多的视频输入口等，把液晶显示屏的作用发挥到了极致。

而今，除了以上的“新意”“亮点”以外，为了响应移动、便携的大时代号角，众多显示器厂商又推出了MHL功能显示器、USB显示器以及靠网线连接的云显示器。

□可弯曲触摸屏

不过种种新的应用无非都在围绕显示器的功能而做出一定的扩展，并不代表新型显示器的发明，也并不能称之为显示器的新时代。

2010年1月中旬，LG传出希望新产品里采用19寸可弯曲显示器的消息，并有记者现场观看了此类屏幕的演示。这次演示很有可能意味着我们今后的显示产品，如手机、pad、电子书、显示器以至于电视机都能采用这种屏幕。

所以，柔性屏幕或者可弯曲触摸式屏幕是未来显示器的发展趋势。

与此同时，很多可弯曲触摸式屏幕的应用产品也开始在市场上出现。

加拿大开发一种可弯曲的触屏新型手机，它像纸一样轻薄柔软。这种纸一样的手机厚度堪比信用卡，重量不足苹果iPhone4手机的六分之一，显示屏约长9.4厘米。手机采用电子墨水技术，但触摸屏不是玻璃，而是超轻薄、可弯曲的“薄膜”。这种手机不仅能拨打电话、发送短信，还能储存电子书和播放音乐等，也算得上“纸电脑”。

这种手机更环保，耗电量更小，无人使用时，手机不消耗电量。另外，手机还很结实，“经得起捶打”。这一产品的外观、触感和使用方式都像一张人机交互的小纸片，意味着用户使用时不觉得自己握着玻璃或金属。

可弯曲触屏纸手机很可能将引领下一代手机潮流，使用它将是大势所趋，会给现在领衔智能手机行业的苹果公司带来“压力”。

不光是可弯曲屏幕手机，可弯曲屏幕的电子书预计也要进入市场。电子书是一种非常好的阅读工具，但当前的电子书较大的缺点是它们由易碎玻璃和灵敏的电子元件制成，摔落到地面上很容易受到损伤。相比之下，传统的书籍则更耐用，更安全。

这种新型电子书叫作XGA，屏幕为6英寸，小于多数平板电脑却大于智能手机的屏幕。LG公司表示，这款电子书可弯曲至40°，仅0.7毫米厚，相当于6张普通办公用纸张的厚度，比典型的显示器纤薄。分辨率为1024×768像素，它是性能优异的电子书。

LG公司称，这款电子书的抗冲击性非常强，从1.5米高处摔落不致损坏，这是多数人站立时的高度。

但是这并不是首款易弯曲电子书，2011年11月台湾友达光电公司首次亮相了一款易弯曲电子书，并表示已投入生产。目前，LG公司表示XGA电子书是该行业的一项创新突破性产品，它摒弃了传统采用易碎玻璃作为显示屏背板，而是采用塑质材料，从而实现较好的易弯曲性。

据透露，首批XGA电子书将发至中国，然后再发至欧洲制造商。

可弯曲屏幕前景十分光明，可目前仍有许许多多的技术上的问题与其他问题需要解决。也就是说，有可弯曲屏幕并不意味着市场上很快就会出现可弯曲设备。要知道，显示面板只是变革的一小部分。可以完全弯曲的辅助电子元件、电源、电路都还不能量产。我们在3.5年内在市场上见到可弯曲屏幕，这是很容易办到的，但这只是屏幕技术，其他组件恐怕没那么快。最早用上这种屏幕的产品将是尺寸较大的外接显示屏而不是尺寸较小的阅读器。

知识链接

可弯曲触摸屏幕的发展前景

韩国、日本、美国、加拿大等国已经在可弯曲触摸显示器的研发上取得了一定成绩，而且已经开发了一些可弯曲触摸的手机与电子书。

3D 立体式打印机

科普档案 ●**产品名称:**3D 打印机 ●**优点:**速度快,节省原料,无废弃物

3D 打印机，也被称为快速成型设备。它是利用普通打印机的原理，将打印机和计算机连接起来，把原料装入机身，通过计算机的控制，用打印头将原料一层一层累积起来，最后将计算机上的蓝图变成实物。

3D 打印机就是可以“打印”出真实 3D 物体的一种设备,功能上与激光成型技术一样,采用分层加工、叠加成形,即通过逐层增加材料来生成 3D 实体,与传统的去除材料加工技术完全不同。之所以称之为“打印机”是参照了其技术原理,因为分层加工的过程与喷墨打印十分相似。随着这项技术的不断进步,我们已经能够生产出与原型的外观、感觉和功能极为接近的 3D 模型。

简单来说,3D 打印是断层扫描的逆过程。断层扫描是把某个东西“切”成无数叠加的片,3D 打印就是一片一片地打印,然后叠加到一起,成为一个立体物体。

2010 年 3 月,一位名叫恩里科·迪尼(Enrico Dini)的发明家设计出了一种神奇的 3D 打印机，这种打印机的原料主要是沙子。当打印机开始工作时,它的上千个喷嘴中会同时喷出沙子和一种镁基胶。这种特制的胶水会将沙子粘成像岩石一样坚固的固体,并形成特定的形状,然后只需要按照预先设定的形状一层层喷上这种材料,最终就可以“打印”一个完整的雕塑或者教堂建筑。

恩里科·迪尼表示,这种打印机比常规建筑方法要快四倍,而且所使用的原料也只有原来的 1/3~1/2,更重要的是几乎不会产生任何废弃物。

3D 打印技术是添加剂制造技术的一种形式，在添加剂制造技术中三

维对象是通过连续的物理层创建出来的。3D打印机相对于其他的添加剂制造技术而言,具有速度快,价格便宜,高易用性等优点。

目前,三维打印机数量很少,大多集中在“科学怪人”和电子产品爱好者手中。他们主要用来打印像珠宝、玩具、工具、厨房用品之类的东西。甚至有汽车专家打印出了汽车零部件,然后根据塑料模型去订制真正市面上买不到的零部件。

现在人们可以在一些电子产品商店购买到这类打印机,工厂也在进行直接销售。

3D打印技术最近迅速兴起,成为炙手可热的新型产业,它可以打印的立体产品种类正迅速增加。

3D打印机可以用各种原料打印三维模型,使用3D辅助设计软件,工程师设计出一个模型或原型之后,无论设计的是一所房子还是人工心脏瓣膜,通过相关公司生产的3D打印机进行打印,打印的原料可以是有机或者无机的材料,如橡胶、塑料、甚至是人体器官,不同的打印机厂商所提供的打印材质不同。

3D打印机将来的应用对象可以是任何行业,只要这些行业需要模型和原型。以色列的Objet公司认为,3D打印机需求量较大的行业包括政府、航天和国防、医疗设备、高科技、教育业以及制造业,主要适用于产品设计、教育、机械、模具设计、医疗器械、汽车制造、建筑、超精密零件制造、逆向工程辅助、真空成型、考古等诸多领域。

□3D立体式打印机

3D打印机未来的前景是不可估量的。据国外媒体报道,在不久的将来,外科医生们或许可以在手术中现场利用打印设备打印出各种尺寸的骨骼用于临床使用。未来数年内,打印出的质量更好的骨骼替代品或将帮助外科手术医师进行骨骼损伤的修复，用于牙医诊所，甚至帮助骨质疏松症患者恢复健康。

现在，一些用户正在设计能够3D打印的物品，如鸟屋、罗马风格的半身像和灯罩。实际上，3D打印机可以打印任何物体。目前，这项技术仍有局限性，还无法打印装有电缆和运动机件的复杂物体。再有10年或者20年时间，很多家庭都将拥有一台3D打印机，下载设计图，而后打印任何所需要的物品。例如，如果丢失了手机电池盖，你可以下载手机制造商提供的设计图，而后打印一个新的电池盖。有了3D打印机，消费者再也不用购买餐具、玩具以及其他任何无须插电或者不易腐烂的简单物品。

科学家表示，3D打印机的使用范围还很有限，不过在未来的某一天人们一定可以通过3D打印机打印出更实用的物品。

知识链接

3D打印机的发展前景

3D打印机目前的应用趋势还不是特别明朗，而我们所能看到的是，3D打印机在建筑设计、食品制作、微型模型、复杂结构、零配件、趣味模型等领域已经有了一定的应用。将来可能会在建筑设计、小商品设计、制造业当中具有非常有意义的应用。

电子纸的未来应用

科普档案 ●**产品名片:**电子纸 ●**优点:**超轻超薄、低功耗、环保、无污染

电子纸，与我们常见一般纤维纸不同，是一种包含“微小球体”的“导电高分子”材料，其外表、特性跟我们平时使用的纸张一样，具有柔软度又可重复显示资料。由于电子纸材料使用的是高分子材料，因此可以像一般纸一样的弯曲。

一般把可以实现像纸一样超薄轻便、阅读舒适、可弯曲、超低耗电的显示技术叫作电子纸技术。电子纸既然是这样一种类似纸张的电子显示器，就兼有纸的优点,可以像我们常见的液晶显示器一样不断转换刷新显示内容,并且比液晶显示器省电得多。

长期以来电子纸显示一直是停留在人们头脑中的幻想，但是随着20世纪末以来显示技术一系列突破性进展,革命性的电子纸显示技术终于开始走向大众走向实用。这种显示屏的能效非常高,因为这种显示屏一旦开启,通过反射环境光线达到可视效果,因此看上去更像普通纸张,而且也不再需要电流来维持文字的显示,只有翻页时才消耗能量。

由于电子纸实际上就是一种IC芯片,因此它可以作电子表的表芯。在2005年瑞士召开的钟表珠宝展览会“Basel World 2005”上,精工EPSON就展出了这么一件令人惊羡的产品——整块手表就像一张薄纸,可以紧密地贴在手腕的皮肤上,并且可以变幻出漂亮的图案来。此外,由于电子纸的柔软性能越来越出色,因此欧盟一些国家的军队已经开始考虑用它来制作军事地图。与传统的纸质地图比较起来,电子地图不仅更结实耐用,而且电子的特性使它可以达到输入、刷新、存储、记录,甚至多媒体的效果。

实现电子纸技术的途径主要包括胆固醇液晶显示技术、电泳显示技术(EPI)以及电润湿显示技术等,其中以电泳显示技术是最有前景的技术。

□电子纸

作为"未来的纸张",期盼已久的电子纸终于进入了普及期。虽然目前只实现了单色,但彩色产品也有望在数年内面世,预计市场将会迅速扩大。2003年以日本办公设备厂商为主成立的"电子纸联盟",正在为电子纸开创全新世界而展开研发活动。

目前我们所能见到的电子纸显示设备的厚度通常都非常小,重量也相当轻,结构却较普通的LCD更加坚固耐用,这些优点能不让那些便携设备厂商对它青睐有加吗?传统LCD设备由于结构方面的限制使它的厚度不可能太薄(如果液晶显示屏两层玻璃的厚度都为0.7mm,两层基板的厚度加起来有0.5mm厚,那么LCD显示屏的厚度就不会低于2mm),重量也不可能太轻。而电子墨水显示设备的硬件结构相当简单,它的厚度可以做到1mm左右,显示屏厚度还不到LCD的一半。此外,电子墨水的适用范围相当广泛,它不仅可以用于玻璃表面,还可以应用于塑料等材质表面,所以它不会像LCD显示屏那样脆弱。

电子墨水的功耗相当低,在电源供应短暂停止的情况下它甚至还能显示一幅图画。它的功耗非常低的原因在于它的反射率和对比度非常高,完全不需要采用背光方式来提高可读性。

综上所述,应用电子墨水技术的显示设备将具有纸介质一样的视觉特点,同时又具有低功耗和厚度薄、重量轻等优点,使它成为便携式设备的新宠,特别适用于那些要求在各种光线下都有较好显示效果的应用场合,这些都是透射型LCD和反射型LCD无法满足的。

现在的电子墨水显示设备可以沿用AMLCD的生产设备,且生产工艺更为简单:只需将电子墨水涂到ITO塑料基片上,再利用叠片处理工艺附着在TFT底板上。这个过程同LCD生产过程中的偏振膜附着法是相同的,而且这个过程可以使用现有设备或者类似的设备进行生产。生产工艺的简化意味着成品率和产量的提高，再加上基板厚度减小也使成本大幅降低(当然还是比纸张的制造成本高)。

虽然电子纸商品化多以黑白或单色、简单图像或文字应用为主，但未来的研发必是朝着高速应答、全彩化、可挠式以及低成本的趋势发展。

电子纸反应速度约为数百毫秒，比不上LCD 4~8毫秒的反应时间，更远不及OLED以μm计的速度，因此并不能完全取代显示器。一般认为重视动画、鲜丽色彩呈现的应用多半还是交给显示器，而电子纸初期适用于各种静止画面显示装置或切换频率不快的场合。

单色电子纸商品目前已能进入量产，不过现仍在研发阶段。要想具备全彩、广视角、轻薄之特性，仍需一段时间。

电子纸若想达到可挠诉求，必须选择塑料或金属基板，采用塑料基板的电子纸重量较玻璃材质减轻80%左右，厚度也仅0.3mm，十分符合轻薄、耐冲击等需求，用途也因此更加广泛。然而塑料基板需要克服的最大难题则在于材料耐热、耐化性较差，需持续改良基板材料或开发低温制程。

我们要利用电子纸创造怎样的未来，为后世留下怎样的未来？这一问题将成为通往目标的起点。希望我们为“媒体性”电子纸的未来开辟更加美好的前景。

知识链接

电子纸发展前景

电子纸目前多以黑白或单色、简单图像或文字应用为主，但未来的研发必是朝着高速应答、全彩化、可挠式以及低成本的趋势发展。

新型智能电视机

科普档案 ●**产品名称**:智能电视机 ●**优点**:用户主动参与,开放性大

智能电视机就是硬件可扩展,软件可扩展,人机交互,可自由扩展的一类电视机,将实现网络搜索、IP电视、视频点播(VOD)、数字音乐、网络新闻、网络视频电话等应用服务。

智能电视首先意味着硬件技术的升级和革命,只有配备了业界领先的高配置、高性能芯片,才能顺畅运行大型3D体感游戏和各种软件程序;其次,智能电视意味着软件内容技术的革命,智能电视必然是一款可订制功能的电视;最后,智能电视还是不断成长,与时俱进的全新一代电视。智能电视最重要的就是必须搭载全开放式平台,只有通过全开放式平台,才能广泛发动消费者积极参与彩电的功能制定,才能实现彩电的"需求订制化""彩电娱乐化",才是解决彩电智能化发展的唯一有效途径。

国外IT巨头们推出的"智能电视",拥有传统电视厂商所不具备的应用平台优势。智能电视将实现网络搜索、IP电视、视频点播(VOD)、数字音乐、网络新闻、网络视频电话等各种应用服务。电视机正在成为继计算机、手机之后的第三种信息访问终端,用户可随时访问自己需要的信息;电视机也将成为一种智能设备,实现电视、网络和程序之间跨平台搜索;智能电视还将是一个"娱乐中心",用户可以搜索电视频道、录制电视节目、能够播放卫星和有线电视节目以及网络视频。

在国内,各大彩电巨头也早已经开始了对智能电视的探索。连接网络后,能提供IE浏览器、全高清体感游戏、视频通话、家庭KTV以及教育在线等多种娱乐、资讯、学习资源,并可以无限拓展,还能分别支持组织与个人、专业和业余软件爱好者自主开发、共同分享数以万计的实用功能软件。

智能化电视机，最关键是应该具备扩展性，即功能是可以扩展的，而且是可以自主扩展的，就像智能手机可以自己安装软件和游戏一样，智能电视也应该是可以自己下载安装应用程序的。之前所有的非智能电视都是完全封闭的，或者是半封闭的。这种扩展性，也应该是敞开了允许众多的开发爱好者针对这款电视开发各种应用程序和游戏。群众的力量是无穷的，当无数的开发者开发智能电视时，这款电视就变得非常的好玩，充满了创意，也充满了更多的商机。

□智能电视机

智能电视机具有以下特点：

主芯片：采用一体化智能电视主芯片或分体式，主频不低于500M，ARM架构，带DSP(视频硬解码)。

内存：不低于1G DDR2。

Nand(内部存储)：不低于2G。

操作系统：Android 2.1或Android 2.2。

外部接口：至少2个USB口，可连接U盘、移动硬盘、键盘、鼠标、无线键鼠接收器、WIFI无线网卡、游戏手柄等周边设备，并即插即用。

RF接收：可选，针对RF遥控器。

摄像头：可选，针对可视通话。

指令输入：红外遥控器(或RF带3轴重力感应器的遥控器)，仍尊重电视用户的使用习惯。

遥控器必备按键：上下左右、确认、返回、menu、home、0123456789。

屏幕分辨率：1280×720(应用程序实际显示区域为1220×660)。

UI：尊重电视用户使用习惯，采用非常大的按钮及上下左右的操作方式。

应用和游戏:满足分辨率、操控、菜单设定等规则。

基本功能:单机游戏、网络游戏、高清视频本地播放、www浏览器、QQ、网络音乐播放、网络收音机、电子杂志、网络卡拉OK、网络相册、网络视频点播、网络电视直播、有声电子书、股票、彩票、支付宝、杀毒、网络电话(如果有摄像头,则可提供可视网络电话)、文件管理器、Widget、邮件、天气、地图、计算器等。

最为重要的是智能电视必须是内置可升级的wed浏览器,不能用U盘外挂式浏览器,U盘外挂式浏览器的缺点是"U盘丢失、损坏、感染病毒或者版本升级,都会带来很大的麻烦和不便"。

当人们可以拿着遥控器躺在沙发上使用互联网是另外一种心态和模式,肯定不同于一个人使用PC的状态。

之前家电市场热炒的互联网电视只是普通电视机向智能电视机过渡的产物。未来,电视机将逐渐发展成为一个开放的业务承载平台,成为用户家庭智能娱乐终端。与此同时,家电厂家正在从"硬件"盈利模式向"硬件+内容+服务"盈利模式转变,改变原来一次性销售的盈利模式,通过销售电视机,同时提供内容和服务,形成电视终端的市场溢价,并产生持续服务的盈利能力。在三网融合的大环境下,基于开放软件平台的智能电视机将成为三网融合的重要载体,担当家庭多媒体信息平台的重任。

智能电视机的未来发展并不是空想,而是有其机缘的:

首先,电视整机正从平板时代向互联网时代甚至向目前的智能时代跨越,电视机巨头不希望企业进行的工序被看成简单的加工环节,一直在酝酿着向技术平台等内容产业链扩张,避免在数字家庭中的核心地位被智能机顶盒取代。

其次,谷歌Android系统和苹果iOS系统在智能手机上的竞争激烈,应用平台系统想要获得更大的份额就必须扩展使用范围,找到一个全新的发展领域,如此智能电视也成为其突破口。

从全球范围来看,IT/互联网巨头和电视巨头都相应投入巨资开发智能电视机,智能电视机的发展成为不可逆转的趋势。智能电视在全球迅速发展的主要原因在于其价格趋于平民化以及内容资源链日趋成熟。智能电视机将为广大用户打造一个可加载无限的内容、无限的应用的开放的系统平台,并可以根据自身需要进行个性化安装,使电视永不过时。

智能电视的到来,是顺应电视机“高清化”“网络化”“智能化”的趋势。

知识链接

智能电视机发展前景

传统意义上的电视传播内容封闭、保存性较差,用户只是作为观众接受信息,地位是被动的。而未来的智能电视机,将成为一种智能设备,实现电视、网络和程序之间跨平台搜索。智能电视还将会是一个“娱乐中心”,用户可以搜索电视频道、录制电视节目、能够播放卫星和有线电视节目以及网络视频,自由切换节目,做电视机的主人。

无人驾驶的智能汽车

科普档案 ●**产品名称**：自动驾驶汽车 ●**优点**：智能操作监控、安全系数高

自动驾驶汽车依靠人工智能、视觉计算、雷达、监控装置和全球定位系统协同合作，让电脑可以在没有任何人类的主动操作下自动安全地操作机动车辆。

自动驾驶汽车(Self-driving car)，又称无人驾驶汽车、电脑驾驶汽车或轮式移动机器人，是一种通过电脑系统实现无人驾驶的智能汽车。自动驾驶汽车依靠人工智能、视觉计算、雷达、监控装置和全球定位系统协同合作，让电脑可以在没有任何人类的主动操作下自动安全地操作机动车辆。自动驾驶汽车使用视频摄像头、雷达传感器，以及激光测距器来了解周围的交通状况，并通过一个详尽的地图(通过有人驾驶汽车采集的地图)对前方的道路进行导航。这一切都是通过谷歌的数据中心来实现的，谷歌的数据中心能处理汽车收集的有关周围地形的大量信息。

车顶的“水桶”形装置是自动驾驶汽车的激光雷达，它能对半径 60 米的周围环境进行扫描，并将结果以 3D 地图的方式呈现出来，给予计算机最初步的判断依据。

自动驾驶汽车前置摄像头。谷歌在汽车的后视镜附近安置了一个摄像头，用于识别交通信号灯，并在车载电脑的辅助下辨别移动的物体，如前方车辆、自行车或是行人。

很多人第一眼会觉得这个像是方向控制设备，而事实上这是自动驾驶汽车的位置传感器，它通过测定汽车的横向移动来帮助电脑给汽车定位，确定它在马路上的正确位置。

后车厢的主控计算机在无人驾驶汽车上分别安装了 4 个雷达传感器

（前方3个，后方1个），用于测量汽车与前（和前置摄像头一同配合测量）后左右各个物体间的距离。

自动驾驶汽车最重要的主控计算机被安排在后车厢，这里除了用于运算的计算机外，还有拓普康（拓普康是日本一家负责工业测距和医疗器械的厂商）的测距信息综合器，这套核心装备将负责汽车的行驶路线、方式的判断和执行。

自动驾驶汽车技术由斯坦福大学教授、谷歌副总裁塞巴斯蒂安·特伦（Sebastian Thrun）研发。同时谷歌还聘请了来自美国国防高级研究计划局挑战赛的一些最好的工程师：克里斯·厄姆森（Claris Urmson），赢得2007年城市挑战赛的卡耐基梅隆大学技术团队负责人，迈克·蒙特梅罗（MikeMon-temerlo），赢得2005年大挑战赛的斯坦福大学团队软件负责人。

2010年10月9日，谷歌公司在官方博客中宣布，正在开发自动驾驶汽车，目标是通过改变汽车的基本使用方式，协助预防交通事故，将人们从大量的驾车时间中解放出来，并减少碳排放。

2011年10月，谷歌以内华达州和加利福尼亚州的莫哈韦沙漠作为试

□智能汽车

验场对汽车进行测试。同年，美国内华达立法机关允许自动驾驶车辆上路，这也是美国首个类似法律。该法律2012年3月1日正式生效。

2012年4月，谷歌宣布自动驾驶汽车已经开了20万千米（离强制报废不远了）并已经申请和获得了多项相关专利。

2012年5月7日，内华达州机动车辆管理局（DMV）批准了美国首个自动驾驶车辆许可证。在颁发牌照前，有关官员曾在高速公路、卡森城街区和拉斯维加斯大道检验过这款汽车，并宣称先前在高速公路、市内街道和拉斯维加斯闹市区域的测试显示，自动驾驶汽车可以安全行驶，甚至比人工驾驶更加安全。

我们总是对技术推动社会发展的能力感到乐观，这也是我们在当前基础上全力改进自动驾驶汽车性能的原因。尽管这一项目还处于试验阶段，但仍然展示了未来与先进计算机技术相结合的交通方式。未来值得我们期待。

知识链接

智能汽车发展中的道德争议

这种车辆无人驾驶技术的优点是出行更安全（因为去除了人为失误因素）、缓解交通压力、减少环境污染。另一些人则觉得这种想法不可信。有时候，驾驶会让人感到轻松惬意。但要让人们愿意托付性命，无人驾驶技术还得解决许多问题。驾驶员失误也有其反面优势，那就是人类的判断能力。无人驾驶技术永远是将保护车辆和车内人员作为第一要务，而一个驾驶员则可能宁愿牺牲自己的车来保护他人。类似的问题有待解决，只有这样我们才能安心告诉车该往哪儿走，然后轻松享受无人驾驶之旅。

电子智能服装

科普档案 ●**产品名称**：电子智能服装 ●**优点**：防水、防火、防污、智能化

电子服装的出现意味着服装的传统功能将得到提升，不只是款式的美观与得体，更是个性化和智能化的展现。

"衣食住行"是人类生存的基本条件，而作为居于人类本能社会活动之首的"衣"，现在远不止"包裹身躯"那么简单了，亦不只是款式的美观与得体，更是讲究穿着的舒适和个性的表达。

当今世界科学技术迅猛发展，知识经济扑面而来，知识经济的支柱是高新技术和信息技术，这个特征将影响和决定21世纪的服装行业。服装行业的科技发展在今后若干年最主要的任务就是利用高新技术和信息技术改变和提升传统的服装功能，这主要体现在电子智能服装的研究和开发上。

世界上积极开发"智能服装"的国家主要有德国、芬兰、比利时、瑞士、英国等欧洲国家，这一方面是由于欧洲地区对新型纺织品开发的需求比较强烈，另一方面是它们也有先进的周边电子电机、通信、计算机软件工业的支持配合。许多服装产业巨头也希望，"智能服装"的研发能为传统纺织工业注入一股新的活力和生命力。

一些知名服装公司、计算器业巨头、电器生产商，如IBM、利瓦伊斯、飞利浦、耐克等，已经纷纷开始研发计算机控制的"智能服饰"。这种服饰兼具时髦的设计和超强的功能性，十分符合服装业目标消费者的未来需求，这些消费者包括专业人士、年轻族群和运动爱好人士等。

提及"电子智能服装"，我们所了解的是航空服、潜水服、消防队员的防

火服。这些特殊行业的智能服装，与日常生活似乎关联不大。

再如“变色龙军服”。这种军服能防弹，能依照周围的环境改变颜色，能测量士兵的心跳，能自动调整军服内的温度，并能检测到生化武器的攻击。它的面料是透气的，平时穿着十分舒适，但在检测到敌人使用生化武器时又能在瞬间密闭，将自己与外界完全隔离，起到了绝对保护功能。

这些都是特殊行业的专业制服，它们的功能只是针对特殊的一部分人群。

同样是高科技的智能服装，但是它们针对的消费群从特定行业拓展到了各行各业，必然也包括具备一定消费能力的百姓。这些服装在满足本职功能的同时，还利用科学技术增加了与日常生活相关的特殊作用。因此，智能服装不再高不可攀，与我们的生活倒是越来越贴切了。

情绪手套 日常繁忙的工作常使人抑郁，这种手套通过检测手掌的温度、脉搏和皮肤的导电性来确定人的情绪。一旦心情压抑、情绪焦虑，手上的手套就会一闪一闪地发光警告，这时你最好放下手头的工作，去呼吸呼吸新鲜空气或者是喝杯咖啡放松一下。

保温袜子 这种内含数十亿个保温微粒的袜子有很好的吸热性，可以根据环境和体温的差别吸收或释放热量。平时它可以吸收双脚发生的热量，减少脚汗。当双脚温度下降时，它又能将储藏的热量缓慢地释放出来为双脚保温。

防蚊衫 印度2004年5月推出了这款智能服装，这些衫衣经化学药物特殊处理，能防止蚊虫叮咬，且这些化学药品对皮肤无害。

牛奶蛋白羊绒内衣 浙江的一家公司推出的“牛奶内衣”是从牛奶中提取蛋白纤维，跟羊绒混合在一起制成的。因为牛奶蛋白质纤维中含有对人体有益的氨基酸，而且具有保湿性、保暖性等优点，这种“牛奶内衣”可以保养肌肤。

音乐外套 在欧洲，牛仔品牌利瓦伊斯(Levis)率先推出一款音乐外套，不仅能播放音乐，还能把喜欢的音乐存储在芯片中，或者收听自己喜爱的电台。它由美国麻省理工学院媒体实验室研发。外套的布料由丝质透明硬纱制成，音乐播放功能则由一个全布料电容键盘控制。人们只需轻轻一按，衣服就会开始播放音乐。

音乐外套是一个环保的“音乐播放器”，它的能量来源主要依靠太阳能、风能、温度和物理能源等可持续能源。研究人员还致力于研发一种靠弯曲发电的布料，只要人们穿上它活动便能发电。

心率呼吸检测服 如果说音乐外套是“智能衣服”娱乐功能的典型，那么美国佐治亚州科技学院研发的这款心率呼吸检测服就具备了实用的医学价值。研究人员把光电传到纤维质地衣服的布料中，通过这种纤维检测人的心跳和呼吸频率。

服装制造商把这种衣服的目标人群定为运动员和健身人士，因为他们在训练时要详细记录自己身体的情况。美国公司 Textronics 已经利用这种技术生产出多款能够测量心率、呼吸、体温及血压等生命数据的贴身内衣和运动服，这种衣服还在医学上被广泛用于预防婴儿猝死综合征。

情绪香薰衣服 英国设计师珍妮·提尔洛森博士提出一个“情绪香熏衣服”的概念，这种智能衣服会根据穿衣人情绪的变化，散发出不同的香味。衣服的布料采用液体流控系统，喷出适量雾状香水。

这种衣服的“智能”之处在于能够模拟人体的血液循环系统、感官和体味腺的功能。它的布料里埋着各种香水，采用液体流控系统喷洒，根据不同的环境变换香味。

总之，未来的电子服装会具备以下几个特点：

穿着舒适美观。根据专家的设想，未来人们穿上用智能布料缝制的裤子后，只要按一下电钮，腰围就会随意加宽或缩小。可以根据穿衣人的要求而扩大或缩小、制冷或

□智能服装随心情起伏而变色

制热，以及随意变换颜色。

洗涤简便容易。以利用纳米技术生产高科技纤维而著称的美国 Nano-Tex 公司正在试验一种短袜的效果。这种短袜用分子级海绵制作，能够吸收引起人体异味的酸臭的碳氢化合物，这些臭味物质只有到洗衣机里遇到洗涤剂时才会释放出来。一位研究人员表示，有了这种新布料以后，一套运动衫即使穿三四次，也不会发出汗臭味。

医疗监视保健。美国 Sensatex 公司计划推出一款运动 T 恤，它可以监视心率、体温、呼吸以及消耗了多少卡路里的热量。这种 T 恤可以在穿衣人心脏病发作或虚脱时及时报警，从而降低突发性死亡的概率。另外，Sensatex 公司还计划设计一款在衣领里安装一个全球定位系统接收器的服装，儿童或老年性痴呆病人穿上后，如果不慎走失就可以被轻易找到。还有一款供婴儿穿着的特制睡衣，在婴儿出现呼吸停顿等情况时会发出警报。

知识链接

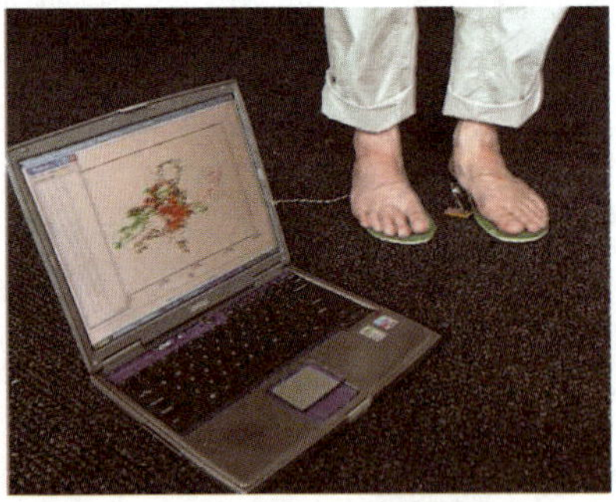

电子智能服装发展前景

服装的设计将采用三维立体设计，能把服装效果图转换成样板图；还可模仿面料的质地、织法、悬度实现电脑三维模拟表演等。使设计的服装在屏幕上显示出完美逼真的形象。具有永久性的防水、防火、防污、防腐蚀等特种要求的服装品种不断发展满足人们各种不同用途的需要。先进的黏合技术不断发展。专家预言，将会有厂商采用先进的黏合技术，生产出“无缝西装”与“黏合衬衫”，给时装以新的面貌。

神奇的电子舌头

科普档案 ●**产品名称:**电子舌头感应器 ●**优点:**价格相对低廉、快捷方便

电子舌头是利用电子传感系统和先进的计算程序分辨和定量溶液中不同的味觉（taste）或化学成分的仪器。它模仿人的舌头和味觉的判定，具有快速分析和定性的功能。

乍一听电子舌头你是不是觉得很困惑呢？难道是把自己的舌头割掉，然后将电子化的假舌头连接到舌根去？别担心，现在的医学还做不来。

现代科学对液体中的味道分成酸、苦、甜、咸、鲜等五种基本味道。电子舌(electronic tongue)，就是用来分辨液体的味道并对液体成分进行分析的仪器。电子舌由一组建立在单硅片(多元传感器)上的人造薄膜构成，每个薄膜对不同的化学成分有不同的敏感度。电子舌工作原理与人类舌头相似，可以辨别甜、咸、苦、酸等味道。它是一种可以在短时间内分辨和定量溶液中不同的味觉(taste)或化学成分的仪器。因此电子舌是仿生感测科技的一种，它模仿人的舌头及味觉判定，具有分析快速、多用途及可以定性溶液中化学成分的功能。

电子舌仪器的信号感测原理可以分成电化学式和光学式。电化学式又可以分成电压式、阻抗式及电容式感测原理，其原理为电极之感测材料层与物质产生生化反应产生电信号，此信号可以为电压、阻抗或电容。电压信号的计量可以用电表量测，阻抗及电容信号的计量则可以使用电感电容阻抗电表(LCZ meter)量测。

电子舌独特的功能引起了越来越多研究者的兴趣。加上其应用前景广阔，在研制方面取得了很大的成功。

电子舌的味觉传感器是整个系统中的核心。目前研制成功的有以下

几种：

多通道电极味觉传感器 这种传感器是第一个基于非特定传感器方法的液体分析多传感器系统，虽是1990年由Toko等人研制的，但它现在仍然是最具有选择性和广泛使用的味觉传感器。

这种传感器由8个含有类脂膜的电极组成，类脂膜用类脂物质组成。类脂膜把味觉物质的信息转换为电信号。每个类脂膜被安装在带一个洞的塑料管上，这样柱体内部就与外界隔离。管的末端用一个塞子封住，在塞子上安有Ag/Agcl电极。管子盛有3mol/L的KCl溶液。8个检测电极被分成两组，并与2个电极夹连接。电极由机械手控制。

味觉物质使类脂膜的电位发生变化，输出电信号。这个电信号是味觉物质味道的性质和强度，而不是味觉物质的数量。产生不同味觉特征的物质的响应模式不同，因此可以很容易地区分每一种味道。因为标准偏差小于1%，所以，复检性非常高。另一方面，味觉传感器具有与同一味觉组相似的响应模式，如酸物质的样本HCl、柠檬酸和醋酸具有类似的响应模式。NaCI、KCl、KBr这些咸物质也具有类似的响应模式。对于其他味觉物质，如苦味、甜味和鲜味，也适用。味觉传感器能响应它对应的味道，味觉传感器有对化学物质进行分子识别的能力。因此，使用多通道味觉传感器可以轻易地区分不同的饮料。

从多通道味觉传感器对33个品牌啤酒的响应特征曲线的PCA结果可以看出：通过PCA数据处理后，第一主元与啤酒味道的浓烈度和清淡度有关，第二主元与啤酒的柔和度和强烈度有关。味觉传感器的最大优点就是不用对任何食物进行预处理，一将饮料倒进杯子就能检测出味道，使用味觉传感器能检测出味道随时间的变化。这种传感器也能用来分析胶状或固体食物，如西红柿，可以先用搅拌机碾碎它们；也可用来检测工厂排水的污染情况，许多污染物如CN^-、Fe、cu，在几分钟之内可以被检测出来。使用多样回归分析可以选择性地检测氰化物。

多通道电极味觉传感器对味觉物质的识别实质上是基于类脂膜的。据有关文献介绍，味觉传感器系统的类脂膜具有典型的长期漂移的特征，这个长期漂移的特征依赖膜的成分和电势起伏现象。

伏安法电子舌 伏安法电子舌由一组贵金属的工作电极阵列组成，取代了传统方法中的单一电极。有两种伏安法：小振幅脉冲伏安法（SAPV）和大振幅脉冲伏安法（LAPV）。电子舌的应用选择了LAPV。用15~100mV的不同电压值，每个电极收集了一些数据点。在数据处理过程中，选择起关键作用的数据点来校准和识别。

使用有2个工作电极（铂和金）的电子舌检测不同饮料：9个品牌的橘子汁、两种类型的橙子汁软饮料、苹果汁和巴氏灭菌牛奶，发现这种电子舌能够区分不同种类的饮料，通过PCA来处理数据。用这种电子舌也能够检测饮料的老化、氧化等变化。

用有5个工作电极（铂、金、铱、钯、铑）的电子舌，来检测牛奶发酵和细菌滋生。检测牛奶的11个样本，打开包装要立即进行，然后，每隔30min得一个最大值。在2个牛奶样本中加入抑菌剂（叠氮化钠）来防止细菌滋生。借助于dip.slide试验，每2h检测牛奶样本中的细菌菌落，然后，用参考值来校准。通过局部最小二乘（PLS）回归算法和借助于反向传播人工神经网络（BPNN）来进行多变量校正。

用6个工作电极（铂、金、铱、钯、铑和铼）、2个离子选择电极（pH和氯化物）、二氧化物电极和导电率结合伏安法，合成电子舌，与温度传感器一起用来识别发酵牛奶样本，用PCA和BPNN（反向人工神经网络）来处理数据，BPNN用来分类。已经证明：伏安法、电势分析法和电导分析法的结合，可改善电子舌的识别能力。

伏安法具有高敏感性、多功能性、简单性和鲁棒性，所以伏安法成为广泛使用的分析技术。但这种方法还存在一些问题，如发生在不同贵金属电极上的化学反应的差别还不清楚；伏安法电子舌对细菌的敏感特性尚不清楚。

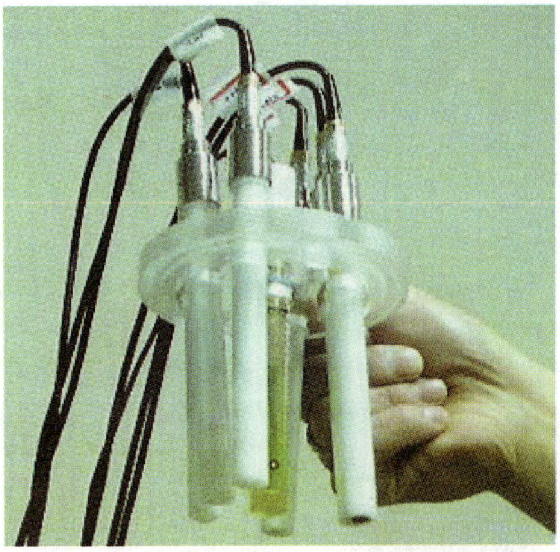

□葡萄酒电子舌头

电子舌经历了一段较长的发展历程。目前来看，电子舌还是有一些价值体现的。

“电子舌”能够准确地分辨出酸、甜、苦、辣、咸等各种味道，并可以精确地测定其浓度。利用它可以分析出果汁原料的成分，也可以分析污水成分以及工业废料排放是否超标，等等。

电子舌技术一旦成熟，将给葡萄酒防伪市场带来巨大商机。收藏昂贵葡萄酒是许多富豪的爱好，《独立报》说，如果有电子舌的帮助，富豪们可以使用它来判定酒的真假。如果将来电子舌头还能尝出酒的年份，那就更完美了。这样或许就不会出现鉴定专家意见不一，不能做出判决的窘境。

除了验酒之外，电子舌还可以像美国国家航空和航天局发明的“电子鼻”那样，用于检测爆炸物等。

知识链接

电子舌与品酒

电子舌利用电子传感系统和先进的计算程序来鉴别酒类的等级。电子舌会复制人类舌头的功能，通过测量酒中含糖量对其进行分类，还可以发现酒类生产过程中的缺陷，担起质量把关的重任。除此之外，有的电子舌能够辨别出“干”“天然干”以及“中干”型葡萄酒的差异，未来经过“培训”，它还会有更广泛的用途。

万能的电子课本

科普档案 ●**产品名称**：电子课本 ●**优点**：依托多媒体，互动武学习

电子课本以主体教材为基础，对教材内容及知识点进行深度挖掘和加工，以科学直观的视、音、图、文等实现了教材内容的数字化、交互功能的智能化，多角度、多维度地呈现教材内容，方便学生理解和掌握教材知识，为传统教材模式向网络化教材转变提供了良好范式。

电子课本与电子书不同，电子课本不是传统教材简单的扫描放置在学习网上，而是以主体教材为基础，对教材内容及知识点进行深度挖掘和加工，以科学直观的视、音、图文等实现了教材内容的数字化、交互功能的智能化。小学数学电子课本，让教材在网络平台上活了起来，在鼠标与教材之间进行互动。

跟市面上仅具翻页浏览功能的纯文本、图文类的电子课本相比，电子课本强大的交互功能可以有效提高学生的学习兴趣，增加学生学习的自主性和积极性；问题提示、图文介绍、动画演示、真人实景示范可以帮助学生更好地理解问题和强化记忆，从而轻松地攻破知识难点，提高学习效率。

例如：

英语科电子课本具有课文点读、情景动画播放、角色扮演、在线测验和重点词汇检测等功能。学生可以利用这些功能有效地提高英语口语、听力和阅读能力，巩固和扩大词汇量，真正实现无忧学习。

语文科电子课本具有句段重点解析、参考答案、参考图片、朗读欣赏、整体感知、图片欣赏和背景介绍等功能。学生可以通过点击相关图标方便地获得有用的信息，并从这些信息中体会到语文的魅力，省力、省时、有效。

数学、物理、化学和生物等探究型学科的电子课本具有提示、说明、参考答案、实验视频点播、小结、问题提示、课外知识和知识归纳等功能。直

□电子课本

观、规范的科学实验容易引发学生主动思考、提高学生动手的能力；课外知识可以拓展学生的思维；知识归纳让学生系统地领悟各单元知识。

通过对学生使用纸质教材习惯的研究，电子课本还加入书签、笔记和标注等功能。荧光笔、橡皮擦和调色板等辅助工具可以让学生随意地对电子课本进行标示、擦掉不想要的标记和选择自己喜欢的颜色对电子课本进行标注。

在真正让教材“活”起来的同时，电子课本也考虑到学生个性化的学习需求，设计了实用的各种学习工具。例如书签、学习笔记、标注和学习记录。其中学习者可以在重点的页码上加入书签，方便下次学习检索；可以实时地记录学习笔记，写下学习心得的点点滴滴，同时还可以在疑难重点的内容上进行标注，学习网将自动生成学习记录，方便学习者查阅自己的学习进度，并为形成科学的学习评价做好数据储备。当然，还有诸如荧光笔、橡皮擦、调色板等的学习辅助工具。如果学生在这一个单元的免费体验中得到了收获，想购买继续学习，可以通过购买按钮轻松地进行购买。

另外，电子课本还可以自动保存学习记录，方便学生制定复习计划和查缺补漏。

总之，无论是课前预习、课后复习还是考前巩固，电子课本已成为学生不可或缺的学习工具。

目前在电子课本的开发研制方面，韩国处于世界前列。从 2011 年开始，韩国教育科学技术部为了减轻学生书包的重量，向所有小学和初高中学生发放纸质的语文、英语、数学教科书，同时还发放了光盘形式的电子教科书。

韩国教育科学技术部说，这么做是避免学生带着沉重的课本上下学，学生可以把课本放在学校里，不需要带回家，在家里的计算机上可以使用电子教科书进行学习。

电子课本若取代纸质课本，学生就可以利用学校发放的平板电脑，再通过一个云计算系统获取多媒体形式的所有无纸化学习材料，这样那些回家的学生就可以在家中接受教学或阅读课程。该系统还可以实现远程教育。

书籍电子化是未来的趋势，虽然摆在面前的问题很多，争议也会不断出现，但这是一个时间问题。

知识链接

电子课本的发展难题

电子课本的使用需要有一个合适的平板电脑，相对于学生来说，成本会非常大。另外，学生们使用平板电脑的学习效率究竟高不高，如何去监督这种新型的学习方式，也将是一个问题。

电子图书馆

科普档案 ●**科技名片**：电子图书馆 ●**优点**：存储大，速度快，成本低

电子图书馆是随着网络通信技术的发展而出现的，它以电子的形式储存检索信息，为公众服务。作为未来图书馆的一种形态，具有存储量大、速度快、成本低等特点。

电子图书馆是随着电子出版物的出现和网络通信技术的发展而逐渐出现的。它里面收藏的不是一本本印刷在纸上的图书，而是以电子形式储存海量的文献信息，从而为公众提供服务。电子图书馆，具有存储能力大、速度快、保存时间长、成本低、便于交流等特点。光盘这种海量存储器能够存储比传统图书馆高几千倍的信息，比微缩胶卷要多得多，而且包括图像、视频、声音，等等。利用电子技术，在这种图书馆里，我们能很快地从浩如烟海的图书中查找到自己所需要的信息资料。这种图书馆，保存信息量的时间要长得多，不存在霉烂、生虫等问题。利用网络，在单位、家中，都可以使用这种图书，效率也非常高。

电子图书馆是未来图书馆的一种形态，它的出现是以计算机技术、通信技术和高密度存储技术的进一步发展为条件的。

电子图书馆有如下特点：

图书馆主要收藏电子出版物，这种出版物是利用大容量电子存储技术生成的，和印刷型出版物不同，它不以纸张为载体，体积很小，价格低廉，信息存取方便。

读者只能通过计算机或终端来使用这些电子出版物，如通过显示屏幕来阅读一次文献、二次文献、三次文献和视频数据等。

读者需要的文献（包括一次文献）和数据可以打印出来或存储在个人

存储载体上，传统的手工借还方式将不复存在。

由于电子出版物的上述特点，每个图书馆除了自己收藏的电子出版物外，还可以通过计算机网络使用其他图书馆和信息检索服务系统的电子出版物，图书馆已由个体的概念转化为群体的概念。

从目前发展来看，与电子图书馆功能相近的电子阅览室发展迅速。中国的国家图书馆和北京图书馆，已经建成了电子阅览室，里面有400多种光盘和20多种数据库，如“中文科技期刊数据库”等，总的数据量已达亿条。这一电子阅览室是我国电子图书馆的雏形。

电子阅览室使用范围及功能：

阅览室用户不受复本数限制、亦不占用复本数、可随时查询借阅所有电子资源。电子阅览室：方便急需使用电子资源的员工无限制地查询、使用所有电子资源；其他需经常使用资源的办公室：方便相关人员了解所有馆藏电子资源，无限制查询、使用所有电子资源。普通用户：单位内办公室，方便员工工作时参阅相关电子资源；单位员工家中：方便员工在家查阅电子资源或阅读单位文化建设的相关资源，丰富员工文化生活，增强单位的凝

聚力。

图书馆在读者和计算机检索部门之间起中间人的作用，图书馆的服务方式更加多种多样，情报检索、参考咨询等服务将处于更加重要的地位。

电子图书馆员的责任和作用将有很大改变。他们将把更多精力用于为读者提供信息服务，如担当顾问、开展读者教育、进行情报分析、帮助读者建立提问文档、组织个人电子文档、提供最新的情报资源等，图书馆员将成为信息专业人员或某些学科的信息专家。可以预见，随着现代科学技术的发展，未来的图书馆必将以崭新的、高度现代化的面貌出现。

知识链接

超星数字图书馆

超星数字图书馆成立于 1993 年，是国内专业的数字图书馆解决方案提供商和数字图书资源供应商，也是国家“863”计划中国数字图书馆示范工程项目，2000 年 1 月在互联网上正式开通。超星数字图书馆是目前世界最大的中文在线数字图书馆，提供大量的电子图书资源供读者阅读，其中包括哲学、宗教、社科总论、经典理论、民族学、经济学、自然科学、计算机等五十余个门类，数十万册电子图书，500 万篇论文，数据总量 1000000GB。

环保的电子墨水

科普档案 ●**产品名称**:电子墨水 ●**优点**:易读,柔性,易廉价制造和低功耗

电子墨水是一种革新信息显示的新方法和技术。像多数传统墨水一样,电子墨水和改变它颜色的线路是可以打印到许多表面,从弯曲塑料、聚酯膜、纸到布。和传统纸的差异是电子墨水在通电时改变颜色,并且可以像计算器或手机那样,显示变化的图像。

电子墨水是融合化学、物理学和电子学产生的一种新材料。肉眼看来电子墨水像一瓶普通墨水,但有几百万个细小的微胶囊悬浮在电子墨水液体中。每个胶囊内部是染料和颜料芯片的混合物,这些细小的芯片可以受电荷作用。为了能看见电子墨水的微胶囊,可以把它想象成清晰的塑料水球。水球内包含几十个乒乓球,水球内充入的不是空气而是颜料水。如果从顶部看水球,我们可以看到许多白色乒乓球悬浮在液体中,于是水球看起来呈白色。从底部看水球,看到的是颜料水,于是水球看起来呈黑色。如果把几千个水球放到一个容器,并使这些乒乓球在水球的顶和底之间运动,你就能看到容器在改变颜色。这就是电子墨水工作的基本原理。事实上这些水球是100微米宽的微胶囊。如果在一页纸上打印电子墨水,则一个句子包含30多个微胶囊。

制造微胶囊本身仅涉及较简单的化学知识。微胶囊制成后被称为是一种胶质材料。这种材料是细小的固态颗粒,承担液态的物理性质。于是微胶囊像传统墨水悬浮在液态"载媒体"。它可以黏着到普通墨水可以用的任何表面,并且可以用现有的丝网印刷工艺打印,打印的微电子学技术改变了墨水颗粒的颜色并产生了字和图。

电子墨水有许多优点,包括易读性、柔性、易廉价制造和低功耗。与其它显示技术相比,电子墨水的反射率和对比度较佳。看起来它们像纸上的

墨，是人们阅读和处理时感觉很舒服的媒体。在亮光包括直射阳光下，其他显示材料感觉有些淡而难以阅读。相反基于电子墨水的显示却真正容易看和读。

因为电子墨水是柔软的，它可以用到原先显示技术必须要用到刚劲坚硬和平的表面所不能用的地方。电子墨水可以用到纸上，产生柔性书和报纸一样的显示效果。它也可以打印到布上，或者打印到类似手机和其他电器非平面的奇形怪状的表面。

省电也是电子书的一大特性。文字刷新以后，会长期停留在屏幕上，阅读的时候可以取掉电池。换句话说，电子书在阅读的时候不耗电，只有在翻页刷新的时候才耗电，所以电池寿命会很长。

电子墨水还具有今日正在用的打印墨水相同的性质。用同样的打印工艺，可把电子墨水打印到纸上，甚至用相同的设备，也可用电子墨水在传统墨水永不能打印的地方产生电子显示。

最后，电子墨水相对其他显示工艺很大优点是低功耗。它不同于其他显示工艺，用电子墨水产生的显示可保持图像达几周，并不需要附加的功率输入，而改变显示的图像仅需耗少量功率，其他显示工艺为保持一个图像需用恒定电源供电。显示 1 个 Immedia 仅耗 0.1 瓦功率，这意味着 100 瓦灯光的能量可供给 1000 个 Immedia 显示。

电子墨水的第一个产品是大面积 Immedia 显示。Immedia 显示可以用在文本信息必须递送给大量观众的地方，例如零售商店、银行、贸易展览、舞台等。Immedia 显示具有柔性电子显示相纸上墨水一样的阅读能力，使它可发展成独特大的显示工业。Immedia 显示可以和传播消息链的其他字符信息联网，允许触键将待提交的所有字符信息送到网上。第一个 Immedia 显示在 1999 年 5 月 3 日麻省的 Marlbor-ough JCPenny 百货店展示，并有几个大公司试验过。

今天 Immedia 仅能显示蓝底白字。实验室的努力工作已能演示黑底白字、红底白字和绿底白字。下一阶段支持任一双色组合的颜色，全彩色能力也在开发中。

□电子墨水由数百万个尺寸极小的微胶囊构成，直径与头发丝相当

过去几年，用电子方式递交书本、报纸和其他文献资料取得了很大的技术进展。它们的应用范围从APPL公司的Newton到普遍存在的掌上电脑，用点触(pointcast)程序运行。迄今，这些工艺技术中没有一个能作为纸的替代品，因为人们感觉缺少像一页纸那样的舒适。然而用电子墨水具有一页打印纸一样的所有良好属性，保持了纸那样的轻感觉、可折叠性、对比度和易读性。人们将连续接收打印到纸上的信息，纸将自动排版。

按今日的开发水平，电子墨水可以在1秒钟内改变颜色1到10次，几乎可以满足动画的需求。为实现视频速度，电子墨水必须在1秒内变化60次或更多。E-Ink公司的科学家正在开拓这方面的进展，作为正在进行中的研究和开发努力的一部分。

未来，电子墨水可以用在现在显示所用的任何地方，甚至更多的地方。电子墨水第一代产品将把大面积字符用在零售店、药店、银行和联络顾客的相同商店。2013年以后，基于电子墨水显示将开始出现在包括手机、PDA、寻呼机和数字钟表等电子器件。与平板显示器相比，电子墨水有较大的优点：良好的阅读能力、更灵活的设计、低功耗和低制造价格。电子墨水可以打印到多种表面，包括纸和纤维。由于它的柔性，电子墨水开拓了弯曲面显示的新市场。例如：更多的电子设备设计采用手持器件，电子墨水可以廉价和方便地打印到用户界面的器件上。可以想象一个咖啡壶，当咖啡温度低于你喜欢的温度，该界面的变色来告诫你；或者当 TV 遥控器的电池不足时，它会转成红色。未来，用电子墨水打印的纸，可以自己排版，所以单页纸可以用作很大信息的活动显示。

知识链接

平板显示器

平板显示器是指显示屏对角线的长度与整机厚度之比大于 4：1 的显示器件，包括液晶显示器、等离子体显示器、电致发光显示器、真空荧光显示器、平板型阴极射线管和发光二极管等。平板显示器薄而轻巧，整机可做成便携式；电压低、无 X 射线辐射、没有闪烁抖动、不产生静电，因而无损健康；功耗低，可用电池供电。平板显示器在军事、民用领域都有极其广泛的用途，是近年来发展较快的高新技术，被认为是“20 世纪最后几项高技术之一”。

电子隐形眼镜

科普档案 ●**产品名称**:电子隐形眼镜 ●**优点**:强大的视觉辅助功能

电子隐形眼镜是区别于传统隐形眼镜。它具有强大的视觉辅助功能，装有控制电路、微型天线、发光二极管等电子零件，通过无线电波的驱动发挥功能。

眼睛无疑是人类输入感知信息的一大枢纽。人眼可分辨数百万种颜色,调节适应不同光线,并快速向大脑传输信息。人所佩戴的普通隐形眼镜采用的是柔韧性极佳的有机材料,可以在人的眼部安全使用。

人类对高品质生活的追求是无止境的。电影通常是展示人类对未来憧憬的窗口。在电影《终结者》中,施瓦辛格能在其视野中叠加一个数据层,增强他对眼睛所扫描范围中事物的感知能力。虽然科幻离人们的生活非常遥远,但这种对实体世界进行数码润色的技术早已在智能手机和智能玩具中得到运用,科技界将它称为“视野辅助功能”。

华盛顿大学的科学家、眼部医师和教授们在研发一款拥有视野辅助功能的隐形眼镜。科学家们将控制电路、通信电路、微型天线置入隐形眼镜中,再将这些电子零件与LED发光二极管融合在一起,通过无线电波的驱动,向佩戴者展示文字、图片和表格类的信息。

隐形眼镜视野辅助功能无须太复杂就能很有用,很少的像素可以提供指示功能。与此同时,内置的微型电路和LED必须是半透明的,这样就不会影响到佩戴者的正常视野。科学家们认为,这款电子隐形眼镜的完善版本将在视野中叠加一个数据层,形成为佩戴者所看到的人和物体提供字幕说明的小显示屏,可以显示文字,实时翻译。

这种电子隐形眼镜最容易成为监测人体健康标准的工具。华盛顿大学

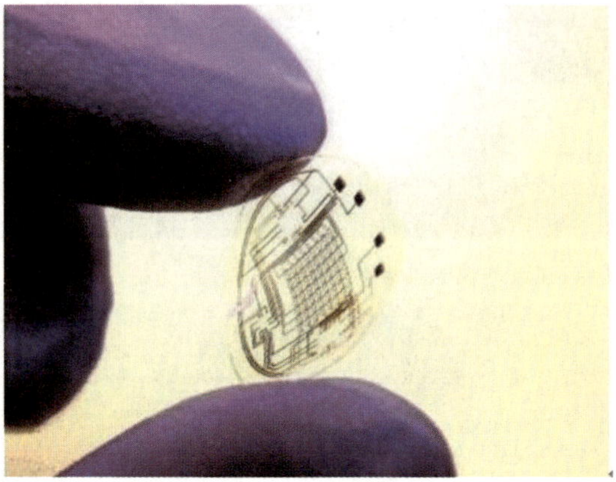
□可进行实时健康监测的电子隐形眼镜

纳米生物技术教授 Babak Parvis 解释说，那是因为眼睛是健康的窗口。眼球表面可反映出人体胆固醇、钾、钠和葡萄糖水平等众多健康信息，如同血液测试一样全面准确。

另一个原因在于，目前电子产品正朝着便于携带、功能强大且拥有健康监测功能的趋势发展。如手机显微镜可诊断瘴气，而 iPhone app 也有为糖尿病患者监测体内葡萄糖水平的程序。

随着电子隐形眼镜的视觉辅助功能越来越广，它将会进入很多领域。科学家假设了电子隐形眼镜进入一些职业领域的前景：

医生在做复杂的手术时，只要戴上电子隐形眼镜，患者的所有器官就能清晰无比地展示在医生的视界中，从而减少医生的压力。

假如司机佩戴电子隐形眼镜，开车会更加轻松，因为两旁路牌标示等重要路况信息都可以通过隐形眼镜直接“看”到，就像显示在前挡风玻璃上一样方便可视。

糖尿病患者可以把电子隐形眼镜用作血糖监测仪，当血糖水平开始下降，隐形眼镜一角处的发光二极管就会发光。

普通人戴了电子隐形眼镜，行走中也可以通过面前只有自己能见到的虚拟显示屏上网。

华盛顿大学的新闻公布则另有一番“畅想”：借助这种仿生隐形眼镜，司机和飞行员将可以从汽车或飞机的前挡风玻璃上“看”到速度；电玩厂家也能从中获益，假如游戏玩家戴上这种仿生的隐形眼镜，就可以完全沉浸在虚拟世界中，而且可以在行动中体验虚拟境界，不受任何空间束缚。

目前电子隐形眼镜的研发尚处在初级阶段，还有许多技术难题等待解决。

眼睛是极度敏感的部位，要保护眼睛不受化学物、电子零件热度和有毒物的伤害，些许设计不周都会引起不适甚至眼疾。以兔子为实验对象，发现20分钟内电子隐形眼镜不会对兔子眼睛产生任何不良影响。当然，若要使用在人体，科学家仍需更多的完善和实验以获得食品药品管理局的首肯。

Blair Maclntyre是佐治亚电脑技术学院的副教授，作为增强环境实验室主任，他指出，由于人眼活动频繁，速度极快，无时无刻地在更新视野接受新的图像信息，因此目前的研究远远无法达到将电子隐形眼镜作为信息接收装置的水平。

Layar是一家总部位于阿姆斯特丹专攻视野辅助技术的公司。Layar的总裁Raimo van der Klein说，如果电子隐形眼镜不能作为一个真正的信息平台支持各种类型的数据传输，如映射信息、酒店回顾或更新twitter的话，那么它的前景则不乐观。

可是，科学家们却持乐观态度。当初人们认为iPhone SDK很难上手，但是许多开发者坚持不懈地贡献自己的创意和发明，iPhone取得了其在高科技产品中重要地位。因此，看上去不起眼的隐形眼镜将来一定会成为一个真正的平台，提高人们的生活质量。

知识链接

虚拟显示器

虚拟显示器最大特点是在微小的体积内产生高品质的画面，这是它与普通直接观看式的显示系统的最大区别。虚拟显示器可以为便携电子设备的用户提供可与电视机、电脑显示屏媲美甚至更好的视频显示效果。除了能够在小型显示屏上提供优质图像以外，虚拟显示器还具备成本低、兼容软件平台、轻便、私密、强光下可读等众多优点。由于具备了以上优点，虚拟显示技术和产品应用领域广泛，市场前景非常广阔。

电子商务

科普档案 ●**科技名称:**电子商务 ●**科技特点:**服务在线、快速方便

电子商务是利用计算机技术、网络技术和远程通信技术，实现整个商务(买卖)过程中的电子化、数字化和网络化。它具有电子交易、咨询洽谈等功能，在今天的商业活动中起着重要的作用。

电子商务(Electronic Commerce)是在开放的网络环境下,实现消费者的网上购物、商户之间的网上交易和在线电子支付的一种新型的商业运营模式。

广义的电子商务是指利用电子技术使整个商业活动实现电子化,如市场分析、客户管理、资源调配、企业决策等。狭义上的电子交易,主要是指在电子商务网站上进行交易活动。电子商务可以分为三个方面:信息服务、交易和支付。主要内容包括:电子商情广告;电子选购和交易、电子交易凭证的交换;电子支付与结算以及售后的网上服务等。参与电子商务的实体有四类:顾客(个人消费者或企业集团)、商户(包括销售商、制造商、储运商)、银行(包括发卡行、收单行)及认证中心。主要交易类型有企业与个人的交易和企业之间的交易两种。

电子商务最基本的特性为商务性,企业通过记录下每次访问、销售、购买形式和购货动态这些数据来分析市场、扩展市场。在电子商务环境中,客户不再像以往那样受地域的限制,也不再仅仅将目光集中在最低价格上。电子商务提供的客户服务十分方便,客户和企业都能够受益。

电子商务还具有集成性,它能规范事务处理的工作流程,将人工操作和电子信息处理集成一个整体,提高了系统运行的严密性。

电子商务要想正常运作,必须有可扩展的系统,具备及时扩展功能,就

可使系统阻塞的可能性大大下降。电子商务中，如果多耗时 1 分钟，就可能导致大量客户流失。

在电子商务中，安全性是必须考虑的核心问题。窃听、病毒和非法入侵都会影响正常电子商务活动，因此要求网络能提供一种端到端的安全解决方案，包括加密机制、签名机制、防火墙等。

电子商务活动没有时间和空间的限制，网上的商品和资金也在不停地流动，交易和买卖的双方也不停地变更，正是这种物质、资金和信息的高速流动，赋予了电子商务强大的生命力。

电子商务具有广告宣传、咨询洽谈、网上订购、网上支付、电子账户、服务传递、意见征询、交易管理等功能。

一、广告宣传

电子商务可凭借企业的 Web 服务器和客户的浏览，在 Internet 上发布各类商业信息。

二、咨询洽谈

电子商务可借助互联网来了解市场和商品信息、洽谈交易事务，同时这种咨询和洽谈能超越以往面对面洽谈的限制。

三、网上订购

电子商务可借助邮件交互传送实现网上的订购，订购信息可采用加密的方式使客户和商家的商业信息不受到外界侵扰。

四、网上支付

在电子商务的整个过程中，网上支付不可缺少。在网上直接采用电子支付手段将避免交易中不必要的费用和麻烦。

五、交易管理

在电子商务整个交易的管理过程中，要涉及人、财、物等多个方面，因此，交易管理是涉及

□电子商务

商务活动全过程的管理。

电子商务模式与传统商务模式相比：一方面以电子流代替了实物流，可以大量减少和降低成本；另一方面突破了时间和空间的限制，使得交易活动可以在任何时间、任何地点进行，大大节省了时间，提高了效率。电子商务所具有的开放性和全球性的特点为企业创造了更多的贸易机会，使得中小企业拥有和大企业一样的信息资源，提高了中小企业的竞争能力。最重要的，电子商务重新定义了流通模式，减少了中间环节，使得生产者和消费者的直接交易成为可能。

目前，电子商务已经深深地影响了我们的生活，但这种商务模式仍有不足之处，如过度专注特定的付款方式、忽略个别商品的特殊价值、缺乏对货物的保证、缺乏个人化的商业关系、缺乏良好的货物配送系统、网站推销的方式不恰当等。

知识链接

电子商务在未来的作用

电子商务时代，人们可以进入网上商场浏览、采购各类产品，而且还能得到在线服务，商家们可以在网上与客户联系，利用网络进行货款结算。电子商务可能会使传统的制造业进入小批量、多品种的时代，并使理想中的“零库存”成为可能。